WESTEND

ANNA BLIX

RUNDE 40 WOCHEN

Die menschliche Schwangerschaft und 81 andere Möglichkeiten, ein Baby zu bekommen

Aus dem Norwegischen von Günther Frauenlob

WESTEND

Die Originalausgabe erschien unter dem Titel *40 uker, en menneskegraviditet og 81 andre måter å få barn på* von Anna Blix, © CAPPELEN DAMM AS 2023

Diese Übersetzung wurde gefördert durch NORLA, norwegische Literatur im Ausland.

Mehr über unsere Autoren und Bücher:
www.westendverlag.de

Die Deutsche Nationalbibliothek verzeichnet diese Publikation in der Deutschen Nationalbibliografie; detaillierte bibliografische Daten sind im Internet über http://dnb.d-nb.de abrufbar.

ISBN: 978-3-86489-439-8

Umschlaggestaltung: Buchgut Berlin
Satz: Publikations Atelier, Weiterstadt
Druck und Bindung: Friedrich Pustet GmbH & Co. KG, Regensburg
Printed in Germany

Inhalt

Woche 41

»Strecken Sie mal den Arm nach unten, dann spüren Sie sein Köpfchen. Er hat schon richtig viele Haare!«

Meine Muskeln spannen sich an, im ganzen Körper. Ich habe so lange auf diesen einen Moment hingearbeitet. Die extreme Arbeit, die meine Muskeln in den letzten Stunden geleistet haben, und der monatelange, zähe Aufbau des kleinen Körpers tief in mir drin kulminieren in diesem einen Augenblick, während draußen die Sonne aufgeht. Bis gestern Abend war ich noch ein rational denkender Mensch mit klaren Meinungen dazu, wie diese Geburt vonstattengehen soll. Jetzt bin ich bloß ein Tier, das seinen Instinkten folgt.

Was mich als Menschen ausmacht, verschwand mit den immer stärker werdenden Kontraktionen. Mit den Wehen, die sich aus dem leichten Kribbeln in meiner Wirbelsäule entwickelt haben und wie Wellen durch meinen Körper gehen. Ich habe die Hebamme aus dem Krankenhausbad gescheucht, in dem ich über einen Stuhl gebeugt in der Dusche stehe, während das warme Wasser meine Schmerzen lindert. Allergnädigst habe ich meinem Partner erlaubt, mir hin und wieder ein Glas Wasser zu reichen, ich will aber weder reden noch eine Umarmung. Mein Körper gebiert ein Baby, und mein Hirn ist nur noch Passagier.

Vor ein paar Stunden ist mir klar geworden, dass es heute Nacht geschehen wird. Die ersten Wehen, die Trainingskontraktionen der Gebärmutter, wurden plötzlich intensiver, während ich auf dem Sofa lag und eine Fernsehserie schaute. Mit einem Kissen zwischen den Knien, einer Tasse Tee auf dem Couchtisch und dem Buch, das ich ursprünglich lesen wollte, neben mir auf dem Boden. Wieder einmal war es mir nicht gelungen, mich auf den Text zu konzentrieren. Eigentlich hatte ich mir vorgenommen, mein Becken an diesem Abend möglichst wenig zu bewegen und auszuruhen, um auch noch den nächsten Tag zu schaffen. Ich wollte auf die Bewegungen des Fötus achten und mir in Gedanken ausmalen, wann es wohl so weit sein würde.

Die Kontraktionen wurden stärker und kamen immer regelmäßiger, und in den Wehen konnte ich schließlich kaum noch reden. Wir bestellten ein Taxi, dachten, dass es klug sei, zum Krankenhaus zu fahren, bevor später alle aus der Stadt nach Hause wollen und kein Wagen mehr zu kriegen ist. Schließlich war Freitag. Im Taxi hat mein Hirn dann die Kontrolle über meinen Körper aufgegeben, es schaffte es ganz einfach nicht mehr, mein Verhalten im Rahmen der normalen, gesellschaftlichen Normen zu halten. Ich stöhnte durch zusammengebissene Zähne und schrie mich durch die nächste Wehe. Ich klammerte mich an den Griff über dem Fenster der Rückbank, während der Fahrer, sicher aus Angst, ich würde noch im Auto gebären, schneller und schneller fuhr. Auf dem Bürgersteig vor dem Krankenhaus kam die nächste Wehe, sodass ich mich zusammenkauern musste, bevor ich hineingehen konnte. Mein Partner stützte mich mit einer Hand, in der anderen hielt er die Tasche mit all unseren Sachen. Im Aufzug atmete ich mich durch die Etagen, ich wollte nur noch in den Kreißsaal, wollte wissen, ob er so aussah wie bei der letzten Geburt, mich mit den Umgebungen vertraut machen, am Bettzeug riechen und irgendwie ergründen, ob ich mich dort sicher fühlen kann. Mein Hirn meldet sich wieder, als ich auf die Hebamme treffe. Ich hatte Torild vorher schon einmal gesehen und wusste, dass sie in dieser Nacht Dienst hatte. Sie gibt mir Sicherheit, ich vertraue ihr. Als ich mich dann ausziehe, meldet mein Hirn sich wieder ab. Ich kann Torilds Fragen, wie ich mir die Nacht vorstelle, nicht beantworten. Ich will einfach nur unter die Dusche, das heiße, schmerzlindernde Wasser über den Rücken rinnen spüren wie ein warmes Urmeer.

Als die Schmerzen so stark werden, dass ich kurz davor bin aufzugeben, und sich auch das warme Wasser nur noch wie ein Pflaster auf einem offenen Bruch anfühlt, taumele ich zum Bett, damit die Hebamme beurteilen kann, wie weit der Gebärprozess bereits fortgeschritten ist.

»Licht aus!«, ist das Einzige, was ich sagen kann.

Wie ein Tier drängt es mich, im Dunkeln zu gebären, in Sicherheit, geschützt vor den Raubtieren der Savanne. Sie schiebt ihre Finger in mich und mein Hirn muss meinem Körper erklären, dass sie eine Freundin ist und mir helfen will und dies kein Angriff ist.

»Acht Zentimeter«, höre ich sie sagen, während ich sie mit meinem Knurren zu verjagen versuche.

Sie zieht sich zurück und lässt meinen Körper arbeiten, bleibt aber in der Nähe. Mir gibt das Sicherheit. Ich spüre den Schweiß über meine Brust rinnen, das rhythmische Zusammenziehen meiner Muskeln. Die Gebärmutter schiebt das Baby mit jeder Wehe weiter nach unten. Ich spüre das Köpfchen im Geburtskanal, wie das Baby erst etwas nach unten gleitet und dann mit jeder Presswehe wieder etwas zurück. Zwei Schritte vor und einen zurück, trotzdem kommt es immer weiter nach unten. Mein Körper schafft das, sagt mein Hirn mir mit Nachdruck, die Gebärmutter wird schon tun, was sie muss.

»Jetzt müssen Sie hecheln wie ein Hund! Nicht pressen!« Das Köpfchen ist draußen und das Baby gibt ein leises Jammern von sich, der einzige Laut, der in diesem körperlichen Übergang zwischen Nabelschnur und Luft und mit zusammengefalteten Lungen möglich ist. Das seltsame Geräusch bringt uns alle zum Lachen, und ich sehe mich irgendwie wie von außen. Das Tier hat sich zurückgezogen, ich kann wieder denken und reden, bin fast fertig, mein Körper weiß, dass das Schlimmste vorüber ist.

Ich betaste vorsichtig die feuchten Haare.

»Schieben Sie mal die Hände hierhin, dann können Sie es gleich halten. Mit der nächsten Wehe ist es draußen.«

Die Stimme der Hebamme ist ruhig. Mein Partner hält meine Hand. Mein Körper spannt sich an, ich strecke mich. Dann ist er da und liegt auf meinem Bauch. Ein kleiner Junge. Er atmet zum ersten Mal, und die harte, kalte Luft, die er noch nie zuvor gespürt hat – weder innerlich noch äußerlich – bleibt nicht ohne Wirkung. Seine Haut trocknet zum ersten Mal im Leben, als wir das Fruchtwasser wegwischen, das ihn so lange umgeben und ihm Sicherheit gegeben hat. Die Nabelschnur pumpt aus der Gebärmutter noch immer Blut in ihn, wie eine Rettungsleine. Gleich wird sie durchtrennt werden, womit unsere neunmonatige Symbiose in eine neue Phase übergeht.

Er liegt auf meinem Bauch, er ist dreieinhalb Minuten alt und 3,5 Milliarden Jahre, ist Ursuppe und ein vollkommen neues Leben, das es nie zuvor gegeben hat. Er kann nichts, ist das hilfloseste Neugeborene aller Arten. Er erkennt meine Stimme, den Geruch der Milch und schafft es irgendwie, vom Bauch zu meinen Brüsten zu robben.

Er hebt das enorme Köpfchen, viel zu groß für den kleinen Körper, und starrt mich an, um meine Gesichtszüge zu erkennen. Dann öffnet er seinen Mund und legt seine Lippen an meine Brust, um trotz Vakuum und Unterdruck an meine Milch zu kommen. Er war neun Monate in mir, ab heute bin ich endlich davon befreit, ihm eine Wohnung zu stellen, doch die Kraft, mit der er an mir saugt, zeigt mir mehr als deutlich, dass die Sache noch nicht zu Ende ist. Mein Körper hat noch immer seinen Bedürfnissen zu folgen.

Trotzdem bin ich zumindest befreit davon, einen kleinen Organismus wie einen Parasiten in mir zu tragen, frei von den Nebenwirkungen, die mir dies bereitet hat.[1]

Ich habe mich monatelang erbrochen, und mir war so übel, dass mir zeitweise vier verschiedene rezeptpflichtige übelkeitsstillende Medikamente verschrieben wurden. Meine inneren Organe sind

neu arrangiert worden, Darm und Blase wurden aus Platzgründen einfach zusammengedrückt. Meine Haut hat sich so weit wie nur möglich gedehnt, und die Schwangerschaftshormone haben zu Verstopfung und vermehrtem Schlafbedarf geführt. Monatelang konnte ich mir die Schuhe nicht mehr binden, ich musste Stützstrümpfe tragen und habe beständig säureregulierende Tabletten gegen das Sodbrennen genommen. Damit ich meinen Nachkommen auch aus mir herausbringen kann, hat mein Skelett sich mehr und mehr gedehnt, sodass ich schließlich bei jedem Schritt

Schmerzen im Becken hatte. Mein Körper hat damit die Bürden auf sich genommen, die üblich sind, wenn meine Art sich reproduzieren will.

Wie es wohl wäre, wenn ich einfach ein Ei legen könnte, das mein Partner dann bis zum Schlupf ausbrütet? Oder wenn mein Baby so klein wäre, dass ich die Geburt kaum spüre und ich es danach in einem Beutel mit mir herumtragen würde, bis es groß genug für das Leben ist? Andererseits bleibt mir das Leiden der Tüpfelhyänen erspart, die durch eine längliche Klitoris in Form eines Penis gebären müssen, die so eng ist, dass 60 Prozent der Welpen einer Erstgebärenden sterben. Ich bin auch nicht im Skelett schwanger, wie das bei den Skorpionen der Fall ist, die schließlich, wenn sich der Nachwuchs unter den Platten tummelt, wie aufgeblasene Ballons herumlaufen. Ich muss nicht mucksmäuschenstill auf einem Nest sitzen, bis die Jungen schlüpfen, wie die Eiderente. Und ich hungere mich auch nicht wie ein Tintenfisch zu Tode, während ich auf meine Eier aufpasse, oder lasse mich wie manche Spinnen von meinen Kindern bei lebendigem Leibe auffressen.

Jetzt, da mein kleiner Sohn auf meinem Bauch liegt und sich aus eigener Kraft irgendwie zu meinen Brüsten schiebt, um den ersten Schluck Milch zu trinken, fühlt sich das alles richtig an. Mein Körper ist high von all den Hormonen, die beim Beginn der Geburt freigesetzt wurden. Sie haben meine Schmerzen gelindert und sorgen auch dafür, dass ich das kleine, schrumpelige Wesen, das aus mir herauskam, wirklich liebe. Das Gefühl, ein gesundes Baby geboren zu haben, erfüllt mich mit einem solchen Glück, dass die neun langen Monate damit in Vergessenheit geraten. Dabei habe ich mir während dieser Zeit immer wieder gewünscht, zu einer anderen Art mit einer anderen Reproduktionsmethode zu gehören, und nicht zulassen zu müssen, dass sich ein befruchtetes Ei in meinem Körpergewebe festsetzt, der Fötus meinen Blutkreislauf steuert und meinen Körper übernimmt.

Es gibt so viele Organismen, die genau zur gleichen Zeit auf die Welt kamen wie mein Kind, so viele Eltern, die sich aufgeteilt und unbefruchtete Eier ins Wasser gegeben haben, auf dass die Spermien diese selbst finden. Andere haben einen Kopf aus der Schale eines Eis ragen sehen, ihre Babys in der Rückenhaut oder im Beutel hüpfen gefühlt oder durch den engen Geburtskanal gepresst. All diese Arten befinden sich am äußersten Rand des Baumes des Lebens, jede auf ihrem eigenen Zweig. Ihnen gemein ist aber, dass sie Teil desselben Baumes sind und sich aus derselben, lebendigen Ursuppe, den ersten lebenden Zellen entwickelt haben. Wir alle haben lange genug gelebt, um Nachkommen in die Welt zu setzen, seien diese nun Menschen, Amöben, Seeanemonen, Hyänen, Eiderenten oder Kängurus. Im Laufe der Entwicklung haben sich die Organismen vor uns verändert, jeder in seine Richtung, und nun stehen wir hier mit einer Unzahl unterschiedlicher Reproduktionslösungen. Und von einigen dieser fantastischen Möglichkeiten, Kinder zu bekommen, wird in diesem Buch die Rede sein.

Woche 1

Die Nachricht auf meinem Handy war unmissverständlich, und demnach weiß ich, was ansteht. Eine App hat mich freundlich daran erinnert, dass ein 40 bis 50 Millionen Jahre alter Vorgang[1] sich nun auch wieder in meinem Körper wiederholen wird. Ich wische die Warnung beiseite, will jetzt nicht an meine Regel denken und wache folglich mit Blut auf dem Laken auf. Ich will kein Blut, sagt es mir doch nur, dass es auch in diesem Monat nicht geklappt hat. Ich will ein Baby, aber das bedingt ganz andere Körpersäfte, nämlich Schleim, Spermien, dicke Gebärmutterwände, hormonelle Veränderungen und einen zunehmend dickeren Bauch. Ohne Planung, Geschlechtsverkehr und Warten geht es nicht.

Andere Arten haben es da sehr viel leichter. Die Seenelke *(Metridium senile)* sieht wie eine Pflanze aus, ist aber eher mit uns verwandt. Sie wächst an den Balken von Kaimauern und Anlegern und ist gut zu sehen, wenn man sich an einem warmen Sommertag auf den Bauch auf die Bretter legt und nach unten ins Wasser schaut.[2] Sie besteht aus einem langen, runden Körper mit vielen Tentakeln an der Spitze und erinnert tatsächlich an eine weiße Nelke mit einem orangebraunen Stiel. Diese Koralle ist entlang der norwegischen Küste weit verbreitet. Sie produziert kleine, genetisch identische Nachkommen als Auswuchs am eigenen Körper, die ihrerseits ihre Tentakeln ins Wasser halten, um Nahrung zu fangen. Sie wachsen aus einer Art Knospe am Körper heran und lösen sich, um ein eigenes Leben zu führen, wenn Körper, Tentakeln und der darin liegende Mund groß genug sind.[3]

Spürt die Seenelke es, wenn ein kleiner Körper aus dem ihren herauswächst? Hat sie selbst entschieden, dass es jetzt an der Zeit für einen Nachkommen ist? Wird sie müde, ist das Heranwachsen dieses Nachkommen mit Schmerzen verbunden?

Die eigenen Nachkommen im Inneren des Körpers in einem so spezialisierten Organ wie der Gebärmutter heranwachsen zu lassen, ist nicht die einzige Art der Reproduktion. Manche Eltern erschaffen ihre Nachkommen mit dem Mund und lagern sie dort, andere zwischen den Beinen oder in einem großen Hohlraum im Körper, der auch genutzt werden kann, um Nahrung zu verdauen. Wieder andere haben kleine Hohlräume auf dem Rücken, oder sie legen befruchtete Eier in ein Nest, in dem sie sie dann bebrüten. Aber auch diese Fürsorge ist nicht zwingend nötig, es gibt ebenso Arten, die ihre Eier oder Spermien einfach ins Wasser gleiten lassen und den Rest dem Zufall überlassen. Meine Vorgehensweise – mit Gebärmutter, Mutterkuchen und monatelangem Stillen – ist, wie wir sehen werden, eine recht neue Erfindung.[4] Wir dürfen aber nicht vergessen, dass sich alle Lebewesen seit ihrer Entstehung auf der Erde vor 3,5 Milliarden Jahren reproduzieren.

Es gibt eine unendlich große Variation davon, wie die verschiedenen Arten ihre Gene weitergeben und Generation auf Generation folgen lassen. Noch bevor ich überhaupt mit meiner Reproduktion angefangen habe, ist das einzellige Bakterium *Escherichia coli* bereits fertig. *E. coli* findet sich normalerweise in unserem Darm. Varianten dieses Bakteriums können aber auch Giftstoffe produzieren, die uns sehr krank machen, wenn wir sie aufnehmen. Hat das *E.-coli*-Bakterium gute Lebensbedingungen mit reichlich Nahrungszufuhr gefunden, wie es im Darm des Menschen der Fall ist, macht es sich bereit, sich selbst zu kopieren. Die Bakterien vermehren sich binär, zuerst kopieren sie ihre eigene DNA. Wenn zwei vollständige Kopien des Erbmaterials vorliegen, verschieben sich die Stränge in die unterschiedlichen Seiten der Zelle. Das stabförmige Bakterium wächst in der Folge in die Länge, bis sich irgendwann in der Mitte eine Zellwand ausbildet. Die zwei Teile trennen sich, und im Laufe von zwanzig Minuten verdoppelt die Zelle sich. Ich brauche 40 Wochen. Natürlich ist es etwas komplizierter, einen Menschen als ein *E.-coli*-Bakterium zu produzieren. Aber wenn ich schließlich gebäre, kann das *E.-coli*-Bakterium theoretisch die Stammmutter von mehr Bakterien sein, als es Atome im Universum gibt, vorausgesetzt es hat unbegrenzt Nahrung und Lebensraum.[5] Die Frage ist erlaubt, wer da die erfolgreichere Strategie hat.

Ich teile mich heute nicht, ich blute ins Laken. Der Fleck ist das Produkt des aktiven Schleimhautaufbaus meiner Gebärmutter im Laufe der vergangenen drei Wochen. Ein reifes Ei ist von den Eierstöcken durch den Eileiter in die Gebärmutter gewandert und

hat versucht, sich dort festzusetzen. Es kam aber entweder nicht in Kontakt mit einer Samenzelle, mit der es verschmelzen konnte und durch die es die Chromosomenzusammensetzung bekommen würde, dank der es sich festsetzen könnte, oder das befruchtete Ei und meine Gebärmutter haben nicht richtig zusammengearbeitet. Mein Blut zeigt auf jeden Fall, dass sich das Ei nicht in der Schleimhaut festgesetzt hat, die die Gebärmutter produziert hat. Am Ende des Zyklus verwirft die Gebärmutter die Arbeit der letzten Wochen. Ei und Schleimhäute werden ausgespült. Die Gebärmutter – in meinem Körper misst sie etwa acht Zentimeter – macht sich anschließend bereit, ein neues Ei aufzunehmen.

Das Blut rinnt beim Duschen an meinem Bein nach unten. Auf jeden Fall bleibt es mir so erspart, ein halbwüchsiges Baby an meiner Hüfte herumzutragen, wie es die Seenelke tun muss. Dabei hätte ich eigentlich ganz gern einen runden Bauch. Das Blut zeichnet ein verwobenes Muster auf die Fliesen am Boden, ehe es durch den Abfluss weggespült wird. Das unbefruchtete Ei und die Schleimhäute, die eine schützende Schicht um den heranwachsenden Fötus hätten legen sollen, fließen durch den Abwasserkanal in Richtung Meer. Vielleicht gibt es da ja irgendwelche Organismen, die sie noch brauchen können. Mein Körper, meine Gebärmutter, wollen sie jedenfalls nicht mehr haben.

Die Augenkorallen *(Lophelia pertusa)*, die tief unten im Meer in einem der größten Kaltwasserkorallenriffe nahe der Inselgruppe Røst südlich der Lofoten leben, haben für die Vermehrung keine Gebärmutter. Sie geben ihre Eier einfach ins Wasser. Die Weibchen drücken sie heraus wie ein Vulkan die Lava, und wäre man zu diesem Zeitpunkt unten am Riff, würde man sehen, wie die Eierwolken sich im Wasser verbreiten. Die Männchen geben Spermien ins Wasser, die sich mit den Eiern mischen.[6] Wie gelingt ihnen die Koordination, dass Eier und Spermien gleichzeitig abgesondert werden? Ist die weibliche Koralle gespannt, ob ihre Eier befruchtet werden? Fühlt sie sich aufgedunsen und wund, wenn sie ihren Körper verlassen?

Ich trockne mich ab und suche nach einer Binde. Von all den Arten auf dieser Erde haben nur wenige eine Menstruation. Die Gebärmutter soll das befruchtete Ei schützen, das sich erst zu einem Embryo, dann zu einem Fötus und schließlich zum Baby entwickelt. Ist es nicht ein enormer Verlust von Ressourcen, diese Schleimhäute Monat für Monat mit Blut aus dem Körper zu spülen? Ich suche meine Eisentabletten heraus. Wichtige Bestandteile des Blutes, das meinen Körper verlässt, müssen ersetzt werden.

Während ich meine Regel habe, bereitet sich der große Rotpunktmaulbrüter *(Ctenochromis horei)* darauf vor, seine Eier in ein Nest am Boden des Sees zu legen, in dem er lebt. Zwischen Steinen und Schlamm hat er einen sandigen Bereich gefunden. Der Fisch lebt im Tanganjikasee, dem riesigen, weltweit zweittiefsten See zwischen der Demokratischen Republik Kongo und Tansania. Das Männchen dieser Art kann bis 20 Zentimeter groß werden und ist sehr bunt. Sein Kopf ist gelb-schwarz gezeichnet, auf den Seiten hat er rote Punkte auf silbergrauem, manchmal hellblau schimmerndem Grund. Das Weibchen, das nicht ganz so groß wie das Männchen wird, ist weniger farbenfroh, trotzdem aber noch so attraktiv, dass experimentierfreudige Aquaristen es gerne in großen Becken halten. Hier, in der Freiheit des großen Sees, hat das Männchen Steinchen und Sand vorsichtig beiseite geräumt und für das Nest eine Grube ausgehoben, die von grünen Pflanzen umgeben ist, die sich in dem blaugrünen Wasser langsam hin und her bewegen. Das Nest wird nur für den Paarungsakt in Gebrauch sein. Die Eier werden in das Nest gelegt, wandern dann aber dorthin, wo sie schließlich ausgebrütet werden. Das Männchen beginnt vor dem Weibchen herumzutanzen, wobei seine Farben immer klarer werden.[7] Dieses tanzt mit ihm und legt dabei einige Eier in das Nest, während das Männchen seine Spermien darüber spritzt. Das Weibchen will aber nichts dem Zufall überlassen und saugt Eier und Spermien in ihren Mund, wo sie besser vor den Strömungen geschützt sind und somit effektiver befruchtet werden können.

Das Weibchen wird die Eier die gesamte nächste Woche im Mund behalten, bis die kleinen Fischchen schlüpfen. Nur wenige Fischarten werden innerlich befruchtet und sind lebendgebärend. Die Rotpunktmaulbrüter kompensieren dies, indem sie ihren Mund als Gebärmutter nutzen. Maulbrüter nutzen ihre Münder auch, um sicherzugehen, dass die Eier in dem dicht bevölkerten See nicht von anderen Arten gefressen werden.

Es lauert nämlich immer jemand in der Nähe, der sich für die Gelege interessiert. Besonders auffällig ist dabei eine andere Fischart, nämlich der Vielpunkt-Kuckuckswels *(Synodontis multipunctatus)*, der seine Eier ebenfalls in das Nest legen will.[8]

Die weißlich gelben Fische mit den schwarzen Flecken sind kleiner als die Buntbarsche. Sie haben lange Barteln am Kopf und sind mir ihrer flachen Unterseite gut an das Leben am Boden angepasst, wo sie ihre Nahrung zwischen Steinen und Sandkörnern finden. Zum einen fressen sie gerne die Eier der Barsche, zum anderen sind sie auf der Suche nach einem Platz für ihre eigenen Eier.

Die Kuckuckswelse machen es wie die Maulbrüter: Sie legen ihre Eier und spritzen die Spermien in das Nest, das die Maulbrüter zuvor ausgehoben haben. Manchmal fressen sie dabei sogar einige der Eier, die die Buntbarsche gelegt haben. Die Barsche geraten bei diesen Attacken sichtlich unter Stress. Sie versuchen, die Welse zu verjagen, während das Weibchen gleichzeitig hastig alle Eier in den Mund zu bekommen versucht. In diesem Moment ahnt man bereits, warum von Kuckuckswelsen die Rede ist. Die Buntbarsche nehmen nämlich auch Eier der Welse auf, ohne dies zu bemerken. Damit brütet das Weibchen nicht mehr nur seine eigenen Eier aus. Während das Buntbarschweibchen sich versteckt, um die Eier im Mund auszubrüten, schwimmen die Vielpunkt-Kuckuckswelse weiter. Immer auf der Jagd nach Nahrung und weiteren Möglichkeiten zu parasitieren.

Wie die Rotpunktmaulbrüter ihren Mund sowohl als Brutkammer als auch für die Nahrungsaufnahme nutzen, hat auch meine

Gebärmutter nicht nur die Funktion, den Embryo zu schützen. Zuallererst schützt sie nämlich mich. Vor den Zeiten freier Abtreibung, Elternzeit und Kindergärten hat der Körper nämlich einen Abwehrmechanismus gegen Nachwuchs entwickelt, für den der Körper nicht die Kapazität hat. Während ein Vogel sein Nest und die Eier verlässt, wenn er das Gefühl hat, dass seine Jungen nicht überleben können, übernimmt dies bei uns die Schleimhaut der Gebärmutter. Es ist nämlich deutlich ressourcenschonender, eine Mauer aus Schleimhäuten aufzubauen und schließlich wieder einzureißen, als neun Monate ein Kind in sich heranwachsen zu lassen.

Während die Mauer in sich zusammenfällt, essen wir unser Frühstück. Vor etwas mehr als drei Jahren habe ich mein erstes Kind zur Welt gebracht. Das Resultat dieses alles verändernden Geschehnisses kleckert Milch auf den Tisch und beteuert dabei lautstark, dass sie die Milch selbst einschütten kann. Der Papa wischt den Tisch ab, und der Hund kümmert sich um die Tropfen, die auf den Boden fallen. Die reproduktive Arbeit geht auch nach der Geburt noch viele Jahre weiter. Diese Morgen sind zur Routine geworden. In der Regel werde ich noch vor dem Wecker von einem strubbeligen Kinderkopf geweckt, und während die Stadt um uns herum langsam erwacht, spiele ich mit meiner Dreijährigen und versuche, sie möglichst ohne Streit zu überzeugen, dass es Sinn macht, warme Kleider anzuziehen, wenn man den ganzen Tag im Kindergarten sein wird. Der Hund muss kurz raus, ich trinke meinen Kaffee, lese vielleicht etwas Zeitung, frühstücke, wische den Tisch ab, wehre Wutausbrüche ab, gerate in Stress, weil wir schon wieder zu spät kommen, und verlasse schließlich eine chaotische Küche, wobei ich spüre, wie sich die Muskeln meiner Gebärmutter zusammenziehen, um das Blut auszustoßen.

Die Menstruation ist nicht sonderlich praktisch. Sie ist nicht entstanden, weil sie uns Vorteile bringt, etwa wie der zur Seite gewanderte Daumen, durch den wir greifen können. Es gibt unterschiedliche Hypothesen, warum einige Lebewesen eine Regel haben. Eine davon lautet, dass die Regel eine Nebenwirkung davon ist, dass die Gebärmutter sich auf das nächste Ei vorbereiten kann, wie eine Art Bollwerk.[9] Es ist nämlich nicht nur pures Glück und Symbiose, wenn ein befruchtetes Ei sich in der Gebärmutter festsetzen und zu einem Baby heranwachsen will. Im Laufe der Geschichte haben Arbeit, Hunger, Epidemien und bereits existierende Kinder allen, die eine Gebärmutter haben, stark zugesetzt. Der Körper hat in solchen Fällen häufig nicht die Energie für ein heranwachsendes Baby. Der Embryo will wachsen, will so stark werden, wie nur möglich. Es ist aber nicht sicher, ob der Körper dem befruchteten Ei dies auch geben kann. Diese Hypothese wird deshalb auch als mütterlich-fetaler Konflikt bezeichnet.

Eine andere Hypothese, warum es die Menstruation gibt und die Gebärmutter sich auf das kommende Ei vorbereitet, ist, dass der Körper auf diese Art überprüfen kann, ob das befruchtete Ei lebensfähig ist. Sind die Zellteilungen in Ei und Samenzellen korrekt vor sich gegangen? Sind die beiden richtig miteinander verschmolzen, sodass der kleine Klumpen, in dem die Zellen sich nun mit rasanter Geschwindigkeit teilen, um einen neuen Menschen zu bilden, tatsächlich in neun Monaten in der Lage ist, auch außerhalb der sicheren Wände der Gebärmutter zu leben? Wenn das befruchtete Ei stark genug ist, um sich in die Schleimhaut zu graben, ist es vielleicht auch stark genug, um zu einem lebensfähigen Menschen zu werden. Zu Beginn der Entwicklung kann sehr viel schiefgehen. Etwa ein Fünftel aller bekannten Schwangerschaften endet mit einer Fehlgeburt, der Prozentsatz der befruchteten Eier, die nicht zu lebensfähigen Embryos werden, liegt aber bei fast fünfzig Prozent[10] – weil viele gar nicht wissen, dass das Ei befruchtet war, und folglich auch nicht bemerken, dass die anscheinend normale Menstruation technisch betrachtet eine Fehlgeburt war. Es ist durchaus möglich, dass die Schleimhäute den Körper davor bewahren, nicht zu viel Energie für die Entwicklung eines Embryos aufzuwenden, der in keiner Weise lebensfähig ist. Da ist es schon besser, das Kind sprichwörtlich mit dem Bade auszuschütten.

Ich frage meine Gebärmutter nicht, warum das Ei dieses Monats es nicht wert ist, bewahrt zu werden. Ich kann das Für und Wider nicht abschätzen – entweder ich werde schwanger, oder ich bekomme meine Tage. Es ist die Evolution, die mich, ein paar andere Affen, einige Fledermäuse und die kleinen Rüsselspringer mit den langen Schnauzen zu blutenden Wesen gemacht hat.[II] Aber warum findet sich die Menstruation nicht bei allen Säugetieren? Schließlich hat diese Eigenschaft sich ja an mehreren Abzweigungen des Lebensbaums entwickelt und bringt den entsprechenden Arten vermutlich Vorteile. Die Embryos von Menschen und vermutlich auch den anderen Arten mit Menstruationszyklen sind extrem invadierend. Sie graben sich in die Schleimhäute, statt vorsichtig anzuklopfen, verlangen Kontrolle über unsere Körper und freien Zugang zu Nahrung. So ist es nicht bei allen.

Auf dem Weg durch die Tür halte ich meine Dreijährige an der Hand. Ich habe meinen Rucksack auf dem Rücken, sie den ihren. Hüpfend machen wir uns auf den Weg zum Kindergarten. Wir laufen leichtfüßig über den Boden unseres Lebensraumes, der sich von der Haustür bis zum Kindergarten erstreckt, von dem Laden, in dem wir einkaufen, bis zu meiner Arbeitsstelle im Stadtzentrum. Die Seenelke hat sich an einem Stein im Meer festgesaugt. Sie muss sich nicht bewegen, weshalb es kein Problem ist, wenn seitlich an ihrem Körper ein Baby heranwächst.

Nach nur zwei Tagen schlüpfen die Vielpunktkuckuckswelse im Maul der Buntbarsche. Die Eier der Barsche, die sich am selben Ort befinden, brauchen etwas länger. Ein fataler Fehlgriff, denn die Welse nutzen die Zeit, die ihnen bleibt, höchst effektiv. Wie alle Embryos haben sie mit dem Ei einen Nahrungsvorrat bekommen, den Dottersack, den wir als das Gelbe vom Hühnerei kennen, das wir zum Frühstück essen. In den ersten Tagen nach dem Schlupf ernähren die meisten Fische sich von diesem Dottersack, bis sie groß genug sind, um selbst zu fressen. So auch die Vielpunktkuckuckswelse. Wenn die Jungen der Buntbarsche fünf Tage später endlich schlüpfen, sind die Welse bereit für neue Nahrung und beginnen die Barschlarven zu fressen, die das Muttertier in ihrem Maul in Sicherheit wiegt. Ein Blutbad. Zu guter Letzt sind nur noch die jungen Vielpunktwelse da. Die Barsche sind getäuscht worden von einem Kuckuck, der seine Junge in fremde Nester legt.[12]

Weit entfernt von dem warmen, afrikanischen See haben die Kaiserpinguine *(Aptenodytes forsteri)* endlich ihr Brutgebiet tief im antarktischen Eis erreicht. Diese größte, noch lebende Pinguinart wird mit 1,10 Meter etwa so groß wie ein menschlicher Vierjähriger, sie ist dabei aber deutlich schwerer und erreicht 35 bis 40 Kilogramm. Kaiserpinguine sind die einzige Pinguinart, die ihre Eier legen, wenn in der Antarktis Winter herrscht. Um ein sicheres Brutgebiet zu erreichen, an dem das Eis kompakt ist, bis die Jungen bereit sind, zum Meer zu gehen, sind sie lange unterwegs, wandern teilweise bis zu 200 Kilometer. Wie viele andere Vögel wechseln sie im Laufe eines Jahres ihren Lebensraum, nur dass sie nicht fliegen und eigentlich auch nicht laufen können. Sie watscheln den ganzen Weg im Gänsemarsch auf kurzen Beinen hintereinanderher, bis sie endlich am Ziel sind.

Erst dort finden die Paare der schwarz-weißen Vögel mit den großen gelben Flecken am Hals zusammen. Sie tanzen miteinander, kopieren die Bewegungen ihres Partners und lernen einander kennen. In der langen Brutphase ist es essenziell, dass sie sich gut kennen, damit das Weibchen zurück zu dem Männchen finden kann, das die Verantwortung trägt, das Ei auszubrüten. Dann legt das Weibchen ihr Ei, und bei der herrschenden Kälte kann dabei viel schiefgehen. Es muss sofort auf die Füße und ins Gefieder, damit es nicht auskühlt. Das Weibchen ist erschöpft nach der Produktion des Eis, in dem sich alles befindet, was das Küken braucht. Deshalb ist jetzt das Männchen an der Reihe. Das Ei wird vorsichtig auf seine Füße bugsiert, wobei es den Boden nicht berühren darf. Dann drückte er es dicht am Körper in sein Gefieder, zwischen seinen Beinen findet sich dafür ein federloser Hautfleck, der das Ei perfekt umschließt. Das Weibchen hat den ersten Teil der Arbeit damit erledigt und watschelt zurück zum Meer.[13] Das Männchen bleibt den gesamten Winter hindurch still stehen und passt auf das Ei auf. Es wirkt komplett verrückt, seine Eier in der kältesten Jahreszeit zu legen, und das Risiko, dass den Vögeln das Ei in einem unbedachten Moment von den Füßen rutscht, ist tatsächlich sehr groß. Das Küken würde in diesem Fall sofort sterben, denn die Kälte ist brutal. Gleichzeitig ist der Winter aber die Zeit, in der es keine Raubvögel gibt, da diese in den wärmeren Norden gezogen sind. Und wenn die Jungen schlüpfen und schließlich bereit sind, an den Eisrand zu ziehen, ist der Frühling und mit ihm der Nahrungsüberfluss gekommen. Es ist hart, aber es funktioniert: In zwei Monaten werden Küken schlüpfen.[14]

Ich winke meiner Dreijährigen, die bereits im Sandkasten spielt, zum Abschied zu, laufe nach Hause und nehme mein Fahrrad. Dann fahre ich nach unten ins Stadtzentrum und stelle das Rad vor meiner Arbeitsstelle ab. Die Sommerferien sind gerade vorbei, die Morgen noch warm, sodass ich noch keine Jacke brauche. Ich schicke meinem Partner eine Nachricht, während ich auf den Aufzug warte, und versichere ihm, dass die Kleine wohlbehalten abgeliefert ist. Er holt sie später ab. Wir teilen uns die Arbeit, informieren uns fortlaufend und sind in Gedanken immer bei unserem Kind. Fragt auch die Pinguinmutter sich, wie es ihrem Ei geht? Würde sie lieber bleiben und aufpassen? Was treibt sie an? Warum verschwindet sie so lange und kommt dann doch zurück?

Woche 2

Es kommt kein Blut mehr, die Gebärmutter hat die Absonderung von Schleim und Blut abgeschlossen. Äußerlich bin ich unverändert, innerlich haben Gebärmutter, Eierstöcke und die Hypophyse im Gehirn aber begonnen, Hormone in meinen Körper zu pumpen. Wie Konfetti, das auf eine Bühne regnet, dringen sie in meine Blutbahn. Mein Körper tut alles, was in seiner Macht steht, um den Boden für ein neues Leben zu bereiten. In wenigen Tagen wird sich nämlich wieder ein Ei lösen und auf die Reise in Richtung Spermien, Gebärmutter, neues Leben begeben.

Ich koche das Mittagessen, und wir versuchen uns an einem Gespräch über die Nachrichten, einem Erwachsenengespräch, wie wir es früher häufig geführt haben, aber durch die Fragen unserer Dreijährigen werden wir wie so oft abgelenkt und schließlich geht es nur noch darum, dass einer von uns ihr aus dem Buch vorlesen soll, das sie auf dem Boden sitzend in den Händen hält. Als das Essen endlich fertig ist, will sie uns unbedingt von ihren Dinosauriern erzählen, davon, dass Velociraptoren scharfe Klauen haben und sie sich im Kindergarten darüber gestritten haben, wer mit der Triceratops-Figur spielen durfte. Was in den Nachrichten war, spielt plötzlich keine Rolle mehr, stattdessen müssen wir erzählen, was unsere Lieblingsdinosaurier sind, und dann zuhören, bis sie die lange Liste ihrer Lieblingstiere aufgesagt hat.

Gleichzeitig ist irgendwo in Nordamerika ein Nordopossum *(Didelphis virginiana)* am Ende seiner Schwangerschaft angekommen.

Die etwa katzengroße Beutelratte mit dem weißen Gesicht und dem langen, nackten Schwanz ist in weiten Teilen der USA verbreitet. Die Tiere klettern in Bäumen und auf Hausdächern, schmeißen auf der Suche nach Nahrung Mülleimer um und sind ein wirklich süßer Anblick, wenn sie eine ganze Schar halbwüchsiger Jungen auf dem Rücken herumtragen. Dieser Eindruck ändert sich allerdings, wenn das Weibchen einen mit offenem Maul anfaucht und dabei seine spitzen Zähne zeigt.

Vor nur zwölf Tagen hat sich das Nordopossumweibchen von einem Männchen mit dessen Klicklauten verführen lassen. Die Tiere haben sich gepaart und das Männchen hat seinen zweigeteilten Penis in die Körperöffnung gesteckt, die die Opossumweibchen sowohl zum Urinieren als auch für die Fortpflanzung nutzen. Die beiden Penisteile haben jeweils ihren Weg in die beiden Scheiden gefunden und die Spermien sind in die zwei getrennten Gebärmuttern vorgedrungen, die beide einen eigenen Eileiter haben. Danach sind die beiden Beutelratten wieder getrennte Wege gegangen, und das Weibchen hat sein Leben allein fortgesetzt. Den Rest der Reproduktionsarbeit muss es allein erledigen. Das trächtige Tier befeuchtet seinen Pelz mit Speichel und bereitet so einen Weg über den Bauch in den Beutel, damit die Jungen nach der Geburt den Weg zu den Zitzen finden.

Die winzigen, haarlosen und fast durchsichtigen Rattenbabys sind nicht größer als ein Reiskorn, haben aber doch die wichtigste Reise ihres Lebens vor sich. Sie werden rasch durch einen provisorischen Geburtskanal geboren, der sich als eine dritte Passage zwischen den beiden Scheiden ausbildet. Der Kanal ist nicht eng, und es besteht keine Gefahr, dass sie sich mit den Schultern festsetzen. Ganz ohne die Hilfe der Mutter krabbeln die kleinen Reiskorn-Jungen zu der runden Öffnung des Beutels. Sie schwimmen dabei mit den Vorderbeinen, an denen sich eigens für diesen Zweck Krallen ausgebildet haben, durch den Pelz. Nach zwei bis vier Minuten sind sie dort, müssen sich aber beeilen, in dem Beutel befinden sich nämlich nur dreizehn Zitzen, und die neugeborenen Beutelratten heften sich an diese, sobald sie im Beutel sind. Im Schnitt werden sechzehn Junge geboren. Wer zu spät kommt und keine freie Zitze mehr findet, fällt schließlich aus dem Beutel und stirbt.[1] Für sie gibt es keine Säuglingsstation, ihre Reise ist zu Ende.

Bei dem winzigen, vor Australien vorkommenden Seestern *Cryptasterina hystera* geht es noch schneller. Der Seestern muss keine Eier mehr in sich tragen und auch keine Jungen im Beutel aufziehen. Dieser Seestern ist ein zweigeschlechtliches Wesen, ein Hermaphrodit. Im Gegensatz zu den meisten anderen Seesternarten entlässt er Eier und Spermien aber nicht einfach ins Wasser. Die Spermien gelangen durch die Reproduktionsöffnung, den Gonoporus, in den Körper und befruchten die Eier dort. In der Ovotestis, einer Zwitterdrüse, die die Funktion von Eierstöcken und Hoden vereint, wachsen und teilen sich die Eier. Sie werden zu Larven und schwimmen herum, bevor sie nach etwa zwei Wochen als kleine Seesterne geboren werden.[2] Die Art *Cryptasterina hystera* ist evolutionär betrachtet mit vermutlich 6 000 Jahren eine noch sehr junge Art und damit ein Beispiel dafür, dass die Entwicklung der Jungen im Körper im Laufe der Evolution häufiger aufgetreten ist und auch noch weiterhin auftreten wird.[3] Nicht nur wir Säugetiere tun das.

Unsere Kleine isst endlich ein Brokkoliröschen und ein paar Nudeln, wobei sie aber weiterhin über ihre Saurier redet. Ihr Gebrabbel ist bei den Gesprächen, die wir zu führen versuchen, eine nie endende Tonspur. Manchmal im Hintergrund, dann aber auch wieder so laut, dass wir nichts anderes hören. Sie erzählt, dass die Triceratops-Figur aus dem Kindergarten eine Mama ist, weil sie die größte ist. Alle anderen Tiere sind ihre Kinder, egal ob Löwe, Schaf oder Velociraptor. Dann schiebt sie den Stuhl nach hinten, rennt ins Wohnzimmer, ruft, dass wir kommen sollen, und verlangt Aufmerksamkeit und Fürsorge. Sie spielt in unserer kleinen Familie die Hauptrolle, seit sie auf der Welt ist. Wieder ruft sie. Sie will die Eisenbahn aufbauen.

Hat die Nordopossummama verschmitzt gelächelt, als sie die Klicklaute hörte? Hatte sie Schmetterlinge im Bauch, als sie das Männchen sah?

Hatte sie Lust, sich zu paaren, oder war es nur ein Urinstinkt, der sie dazu verleitete, den Schwanz zur Seite zu schlagen, um die Paarung überhaupt erst möglich zu machen?

Wir Menschen wissen, dass Sex sich gut anfühlen kann. Im Gegensatz zu vielen anderen Tieren haben wir auch dann Sex, wenn wir nicht schwanger werden können. Wir sind damit nicht die Einzigen. Die Bonobos *(Pan paniscus)* nutzen Sex zur Konfliktlösung und zur Stärkung des sozialen Zusammenhalts innerhalb der Gruppe.[4] Sie würden das sicher nicht tun, wenn er ihnen nicht guttun würde.

Delfinweibchen *(Delphinidae)* streichen sich gegenseitig über die Klitoris, und sie haben auch dann Sex, wenn sie nicht fruchtbar sind.[5] Unsere Gene werden sich verbreiten, dafür sorgt der Sexualtrieb – trotzdem kommt es bei überraschend vielen von uns nicht nur dann zum Sex, wenn daraus auch etwas entstehen kann.

Das Nordopossumweibchen hat sich freiwillig gepaart, es war in der Brunft, und es hat das Männchen zum Paarungsakt eingeladen. Wäre es nicht bereit gewesen, hätte es nicht auf die Klicklaute reagiert, sondern wäre weggelaufen.

Ich bin heute nicht mit dem Zu-Bett-Bringen an der Reihe. Nach einer Runde mit dem Hund lege ich mich auf das Sofa und höre zu, wie sie sich über den Schlafanzug, das Zähneputzen und die Frage streiten, wie viele Bücher am Bett gelesen werden müssen. Mein Partner und ich haben uns gegenseitig auserwählt, haben ein Nest gebaut, die Wohnung ist die Basis unserer gemeinsamen Welt. Wenn wir unsere Familie jetzt noch erweitern, bedeutet das noch mehr schlaflose Nächte, noch mehr Gezanke darüber, wer wem die Zähne putzen darf, und noch mehr nasse Kinderküsse voller Schnodder und Liebe.

Das Weibchen der Bettwanze *(Cimex lectularius)* kann sich nicht frei entscheiden. Es kann nicht weglaufen. Die rotbraunen, 5 bis 6

Millimeter langen Insekten, die in den Nestern der Menschen hausen – in unseren Wohnungen –, leben von unserem Blut. Sie stechen uns nachts, wenn wir schlafen, ehe sie sich wieder in Ritzen in Wänden, Betten und Sofas verstecken.[6] Sie stechen aber nicht nur uns. Die Männchen stechen die Weibchen, um ihre Spermien in sie zu spritzen. Sie haben für die Überführung ihrer Spermien ein hartes, nadelförmiges Organ, und sie paaren sich nicht auf die umgarnende, angenehme Art, die für andere Insekten so typisch ist. Ein Beispiel dafür sind die Schwebfliegen *(Syrphidae)*, bei denen das Männchen um ein Weibchen wirbt, indem es still in der Luft über ihr schwebt.[7] Oder die Springschwänze *(Collembola)*. Bei einigen dieser Arten tanzt das Männchen vor dem Weibchen herum und stößt es mit dem Kopf an, bis es zur Paarung bereit ist. Kommt es dazu, legt das Männchen seine Spermien sauber auf einem Blatt ab, damit das Weibchen sie aufnehmen kann.[8]

Als unsere Dreijährige endlich eingeschlafen ist, sehen mein Partner und ich uns gemeinsam einen Film an. Wir sitzen aneinandergeschmiegt auf dem Sofa, und ich halte seine Hand, streichele die Haare auf seinem Arm und lade langsam zu dem ein, was ich mir wünsche, wenn der Film zu Ende ist.

Das Bettwanzenmännchen hat keine Zeit zum Tanzen, zum Kennenlernen oder um seine Spermien irgendwo sauber abzulegen, damit das Weibchen sie aufnimmt. Sowohl das Weibchen als auch das Männchen wollen sich reproduzieren, und beide wollen sie bestimmen, wie dies vor sich geht. Das Männchen steht in heftiger Konkurrenz mit anderen Männchen und will sichergehen, dass es seine Spermien sind, die das Wettrennen gewinnen. Das Weibchen hingegen will selbst entscheiden, wessen Spermien seine wertvollen Eier befruchten darf, und es hat deshalb scharfe Stacheln an seiner Geschlechtsöffnung, mit denen es allzu aufdringliche Männchen abschrecken kann. Die Evolution hat den Männchen der Bettwanzen allerdings einen Weg gegeben, wie sie den scharfen Stacheln der Weibchen entgehen können. Sie bohren ihre harte Penisnadel einfach durch die Körperschale des Weibchens und befruchten es damit auch gegen dessen Willen. Die Spermien finden ihren Weg und befruchten die Eier im Körper, ganz egal, in welches Organ sie gespritzt werden.

Aber keine Evolution ohne eine Koevolution, denn auch die Weibchen haben einen weiteren Verteidigungsmechanismus entwickelt: Die Platten an der Unterseite ihres Exoskeletts, wo das Männchen gewöhnlich zu stechen versucht, sind verdickt, überdies findet sich auf der Innenseite eine Tasche voller Immunzellen, die dazu führen, dass der Körper sich schnell von der traumatischen Insemination, wie der Vorgang in Wissenschaftskreisen genannt wird, erholen kann.[9]

Für mich ist es dieses Mal sowohl schön als auch eine ernste Sache. Schon während ich in der letzten Woche meine Regel hatte, begann meine Hypophyse damit, meinen Körper auf ein neues Ei vorzubereiten. Eine neue Chance. Sie hat das follikelstimulierende Hormon FSH (Follitropin) produziert. Ein Follikel ist ein bläschenartiges Gebilde im Innern der Eierstöcke, in dem eine Eizelle heranreift. Die Eizellen, die in den Eierstöcken liegen, seit ich selbst ein Fötus war, sind von einer Schicht Zellen umgeben, die das Hormon Östrogen produzieren können. Wenn die Hirnanhangdrüse Follitropin zu bilden beginnt, wachsen die Follikel heran, und je mehr Follikel heranwachsen, desto mehr Östrogen produzieren sie.[10] Durch das Östrogen beginnen die Schleimhäute der Gebärmutter zu wachsen, und damit sind wir wieder so weit. Die Hormone fließen vom Hirn zu den Eierstöcken und von den Eierstöcken zur Gebärmutter, und schließlich macht sich das reife Ei bereit. Wird dieses Ei mit einer Samenzelle verschmelzen und schließlich zu einem Kind werden?

Beim Eisprung platzt der Follikel auf und die reife Eizelle wandert durch den Eileiter zur Gebärmutter. Von diesem Augenblick an bleibt ihm etwa ein Tag, in dem es mit einer Samenzelle verschmelzen kann.[11] Für das Ei heißt es, »jetzt oder nie«, und dieses

Mal läuft alles zugunsten des Eis. Ich habe mein Männchen in der Nähe. Wir stehen vom Sofa auf und gehen ins Schlafzimmer. Die Kondome bleiben dieses Mal in der Nachttischschublade. Samenzellen schwimmen um ihr Leben und stoßen schließlich gegen das Ei, das einen Kandidaten aussucht und hereinlässt.

Tief unten im Meer, nicht selten in Wassertiefen von mehr als 500 Metern, lebt das Weibchen einer Fischart, das sich nicht weiter um die Paarbeziehung kümmern muss, wenn es erst ein Männchen gefunden hat. Der Tiefsee-Anglerfisch *(Cryptopsaras couesii)*, optisch etwa die Mischung einer haarlosen Perserkatze und eines Bulldozers mit Angel, lebt in den tropischen und subtropischen Meeren. Er ist mit dem Seeteufel verwandt und hat einen langen Auswuchs oben am Kopf. An der Spitze dieses Auswuchses, bei dem es sich um den modifizierten Strahl einer Rückenflosse handelt, wachsen biolumineszierende Bakterien, die in der lichtlosen Tiefsee leuchten. Das Licht ist nicht dazu gedacht, dem kleinen Tiefseemonster den Weg zu weisen, sondern um Beutetiere anzulocken, damit der Fisch sie packen kann, wenn sie nah genug sind. Das Maul ist im geschlossenen Zustand vertikal ausgerichtet und die Front des Fisches fast flach, als wäre er mit voller Wucht gegen eine Felswand geschwommen. Unser Weibchen misst 20 bis 30 Zentimeter. An der Seite des Körpers, kurz vor dem Ansatz der Schwanzflosse, hat es einen Auswuchs von etwa zwei Zentimetern. Was aussieht wie eine kleine Flosse, ist in Wahrheit das Männchen dieser Art.

Es ist mit dem Weibchen verwachsen und kommt nie wieder frei. Gefunden hat es seine Partnerin, als diese vor mehreren Jahren geschlechtsreif wurde. Mithilfe seiner großen Augen hat es sie geortet, und sie hat ihm mit anderen lumineszierenden Bakterien an der Unterseite des Körpers den Weg gewiesen. Er hat sich dann in ihrem Körper verbissen. Seitdem hat das Männchen seine Augen verloren. Sie sind degeneriert, und sein Maul ist mit ihrer Haut verschmolzen. Das Männchen ist abhängig von der Nahrung, die

es über den Stoffwechsel des Weibchens bekommt. Vollkommen entwickelt sind bei dem Männchen schließlich nur noch die Gonaden. Es ist damit reduziert worden zu einem mit dem weiblichen Körper verwachsenen Geschlechtsorgan.[12] Das Männchen ist ein Parasit, genau wie das befruchtete Ei in meinem Körper ein Parasit werden wird. Bevor es sich an dem Weibchen festsetzte, war es frei, während das Ei in meinem Körper sich zunächst festsetzt, bevor es nach neun langen Monaten in die Freiheit gelangen wird.

Die weltweit größte noch lebende Echsenart ist der Komodowaran *(Varanus komodensis)*. Diese Tierart ist nicht nur dafür bekannt, ganze Ziegen schlucken zu können. Die Art überrascht auch durch ihre Fähigkeit, ganz allein Nachwuchs erzeugen zu können. Das Verbreitungsgebiet der zweieinhalb Meter langen Tiere mit der langen, geteilten Zunge beschränkt sich auf wenige indonesische Inseln. Die Tiere können 100 Kilogramm schwer werden. Neben Ziegen fressen sie auch Schweine und Hirsche. Auch für Menschen können die Warane gefährlich werden, wenn sie sich den Tieren zu sehr nähern und die Geschwindigkeit der in der Sonne dösenden Tiere unterschätzen.

Das Komodowaranweibchen paart sich und legt Eier, wenn es einen Partner findet. Sollte dem nicht so sein, verfügt es aber auch über die besondere Fähigkeit, voll entwicklungsfähige Eier zu legen, die zu lebensfähigen Jungen heranwachsen können, auch ohne jemals von einem Männchen befruchtet zu werden. Diesen Prozess nennt man Parthenogenese. Wenn ein Ei und eine Samenzelle verschmelzen, werden die vorher durch die Meiose halbierten Chromosomensätze wieder vollständig. Bei den allermeisten Arten kann eine unbefruchtete Eizelle sich nicht weiterentwickeln, da nur Tiere mit vollem Chromosomensatz lebensfähig sind.[13]

Komodowaranweibchen können lebensfähige Eier legen, ohne sich zu paaren, indem sie diesen Eiern zwei Chromosomensätze mitgeben. Dafür muss im Ei selbst die Chromosomenzahl verdoppelt werden, alternativ können auch zwei Eier miteinander verschmelzen.[14] Letzteres ist bei den Waranen der Fall. Die weiblichen Geschlechtszellen teilen sich nämlich ungleichmäßig. Im letzten Reifungsschritt entstehen eine große Eizelle und ein winziges Polkörperchen, das zunächst am großen Ei hängen bleibt. Beide haben die gleiche genetische Ausstattung. Bei einer Befruchtung durch ein Männchen würde das Polkörperchen absterben, bei der Selbstbefruchtung jedoch verschmilzt es wieder mit der Eizelle: Ein kleiner Waran mit vollständigem Satz an Chromosomen kann wachsen.[15] Trotzdem handelt es sich nicht um Klone des Muttertieres, da bei Komodowaranen und anderen Waranen noch die Besonderheit hinzukommt, dass sich in parthenogenetisch gezeugten Gelegen nur Männchen anstelle der üblichen Weibchen finden. Dies hängt mit dem ZW-System bei Reptilien zusammen: Wenn das Weibchen zwei Z-Chromosomen weitergibt, entwickeln sich Männchen.[16] Ein Jungtier mit zwei W-Chromosomen ist nicht entwicklungsfähig. Für eine Art, die auf Inseln lebt, ist es klug, sich eigenständig reproduzieren zu können. Ein Weibchen, das zum Beispiel durch einen Sturm allein auf eine Insel verschlagen wird, kann Eier legen und mit ihren eigenen Söhnen eine neue Population gründen. Und sollten alle Männchen in einer Hungerphase sterben – ein durchaus realistisches Szenario, weil Männchen größer werden und einen höheren Energiebedarf haben –, kann diese Reproduktionsform ebenfalls das Überleben sichern.[17]

Auf einer indonesischen Insel, irgendwo zwischen grasenden Hirschen und idyllischen Sandstränden, bewacht ein Komodowaranweibchen die Eier, die es vor zwei Wochen gelegt hat. Es hat sie im Boden in eine selbst gegrabene Höhle gelegt, die bis zu zwei Meter tief sein kann. Das Weibchen hat etwa 20 Eier gelegt, und in den nächsten 14 bis 15 Wochen wird es in der Nähe des Nestes bleiben und die Eier bewachen, bevor es sie dann irgendwann, lange vor dem Schlupf, verlässt.[18] Die Jungen schlüpfen erst nach über sieben Monaten. Aber warum verlässt das Muttertier das Nest Monate vor dem Schlupf? Schwindet der Mutterinstinkt mit der Zeit oder muss die Mutter fressen, um nicht zu sehr auszuhungern? Oder liegt es daran, dass die Gefahr, dass jemand die Eier frisst, mit der einsetzenden Regenzeit sinkt, da es dann genug andere Nahrung gibt?

Ich gehe ins Bett und höre meinen Partner in der Küche spülen. Die helle Augustnacht bohrt ihr Licht durch die dunklen Gardinen. Normalerweise bin ich nicht so zeitig im Bett, aber ich weiß, dass ich morgen früh wieder von meiner Tochter geweckt werde und ihr Fürsorge, Essen und Wärme geben muss. Noch weiß sie nicht, dass sie eine große Schwester werden wird, wenn unsere kleine Familie wächst.

In Australien ist ein Buschhuhn *(Alectura lathami)*, ein truthahnähnlicher Vogel mit schwarzem Gefieder und nacktem, knallroten Kopf, ebenfalls mit seinem Gelege fertig. Das Weibchen muss aber nicht auf die Eier aufpassen. In Australien heißen die Vögel *brush turkeys*, obwohl sie mit den Truthähnen eigentlich gar nicht verwandt sind. Ihr Schwanz ist groß wie der eines Truthahns, dabei seitlich wie ein Fächer zusammengedrückt. Der Vogel ist ein schlechter Flieger. Er nutzt seine Flügel nur, um abends in einen Baum zu flattern oder um vor Raubtieren zu flüchten.

In den letzten Wochen hat das Huhn das Nest umkreist, das sein Auserkorener gebaut hat. Für Außenstehende sieht es nur wie ein großer Laubhaufen aus. Die Tiere haben sich gepaart, und das Huhn hat anschließend – wie auch ein paar andere Weibchen – ein paar Eier in das Nest des Hahns gelegt. Der Kopf des Männchens ist währenddessen noch roter geworden, und die leuchtend gelben Hautlappen, die wie ein fehlplatzierter Hahnenkamm an seinem Hals sitzen, sind gewachsen. Vielleicht beeindruckt das die Hühner, das Wichtigste ist aber zweifellos das Nest, das es sorgsam aus Blättern, Erde und anderen Dingen, die am Boden lagen, aufgeschichtet hat. Wie in einem Kompost wird es im Inneren dieses Haufens warm, wenn die Blätter sich zu zersetzen beginnen, und der Hahn sorgt dann dafür, dass die Temperatur konstant bei 33 Grad Celsius liegt. Er wühlt in dem Haufen herum, fügt frische Blätter hinzu und achtet darauf, dass die Löcher verschlossen werden, in die die Hennen ihre Eier gelegt haben. Sind die Hühner der Meinung, genug Eier in das Nest eines Hahns gelegt zu haben, ziehen sie weiter, suchen sich einen anderen Hahn und legen auch in sein Nest Eier.[19] Die Hühner verteilen ihre Eier auf mehrere Hähne, die sich dann darum kümmern, dass diese sich bei der richtigen Temperatur entwickeln können. Bis zum Schlupf dauert es sieben Wochen, doch kaum sind die Jungen aus dem Ei, müssen sie selbst zurechtkommen. Sie bekommen keine Anleitung, wie sie ihr Leben zu leben haben, wie Nester gebaut werden oder wohin sie ihre Eier legen sollen.[20]

Woche 3

Ich bin schwanger, aber ich weiß es noch nicht.

Für gewöhnlich sind es die Weibchen, die Eier legen oder schwanger werden und die wachsenden Embryonen in ihren Körpern tragen – außer natürlich man gehört zu einer Art, die die Eier einfach ablegt.

Es gibt aber eine Gattung, bei der das umgekehrt ist: die Seepferdchen. Die Männchen dieser Gattung haben am Bauch einen Brutbeutel, der bei der Balz aufgeblasen wird, um bei den Weibchen Eindruck zu schinden, als wollten sie ihren potenziellen Partnerinnen zeigen, dass hier reichlich Platz für die kommende Generation ist.

Seepferdchen schwimmen aufrecht wie ein S, angetrieben von ihren winzigen, fast durchsichtigen Flossen. Sie haben ein langes, steifes Maul und einen gebogenen Schwanz. Sie sehen zwar nicht so aus, gehören aber zur Familie der Seenadeln *(Syngnathidae)*. Seepferdchen leben vorwiegend von winzigen Krebstierchen, die sie mit ihrem langen Maul einsaugen. Verbreitet sind sie vorwiegend in tropischen Gewässern, zwei der etwas über fünfzig verschiedenen Arten leben aber auch in europäischen Gewässern.

Eine häufige Art, *Hippocampus whitei*, ist in den südwestlichen Bereichen des Stillen Ozeans verbreitet. Diese Art wird etwa 13 Zentimeter lang und die Körperfarbe variiert von hellbraun bis schwarz, wobei auch schon vollkommen gelbe Exemplare entdeckt worden sind. Das Männchen schwimmt in flachem Wasser und hält sich mit dem Schwanz an Seegras oder Korallen fest, während es mit den Weibchen flirtet. Sein Revier beträgt etwa einen Quadratmeter, während das der Weibchen viel größer ist. Diese schwimmen herum, bis sie ein Männchen gefunden haben, das ihnen gefällt und um das sie dann werben. Nimmt das Männchen die Umwerbung an, beginnt eine mehrere Tage andauernde Balz. Die Tiere schwimmen dabei nebeneinanderher und halten sich mit den Schwänzen umklammert, heften sich an denselben Seegrashalm und drehen sich im Kreis oder ändern gemeinsam die Körperfarbe.[1] Wenn die Eier des Weibchens herangereift sind, stellt sich das Paar Maul an Maul auf und das Weibchen spritzt die Eier heraus. Lange glaubte man, dass es ihre Eier direkt in den Brutbeutel legt und dass das Männchen die Spermien in den Beutel entlässt. Es gibt aber keinen internen Kanal, der es möglich machen würde, die Spermien in den Brutbeutel zu spritzen. Die Evolution hat dem Männchen ermöglicht, schwanger zu werden, die Spermien werden aber trotzdem außerhalb des Körpers abgegeben, bevor sie gemeinsam mit den Eiern in die Sicherheit des Brutbeutels gelangen. Vermutlich entlässt das Männchen die Spermien zeitgleich mit den Eiern des Weibchens, wobei die Tiere einen dichten Balztanz aufführen. Die Spermien mischen sich mit den Eiern, und auf irgendeine uns noch unbekannte Weise landen Eier und Spermien dann im Beutel, wo sie im Schutz vor den umliegenden Gefahren zu kleinen Seepferdchenbabys heranreifen können.[2]

Das Seepferdchenmännchen brütet die Eier drei Wochen lang aus. Der Bauch wächst dabei und das Männchen bewegt sich immer schwerfälliger. Der Beutel ist aber nicht nur ein äußerer Schutz vor den Gefahren des Meeres. Durch eine mutterkuchenartige Verbindung strömt Blut durch das Beutelgewebe und gibt den wachsenden Eiern Nahrung. Des Weiteren sorgt der Seepferdchenpapa dafür, dass die Salz- und Sauerstoffkonzentrationen im Beutel für den Nachwuchs immer optimal sind.[3] Jeden Tag schwimmt das Weibchen in das Revier des Männchens, sie winden ihre Schwänze zusammen, halten sich am Seegras fest und schwimmen dann ein Stück zusammen.

Für die Geburt klammert das Männchen sich mit dem Schwanz an einem Seegrashalm fest. Die Muskelkontraktionen führen dazu, dass ihr ganzer Körper bebt, ähnlich wie bei den menschlichen Wehen, und dann werden die winzigen Seepferdchenbabys aus dem Brutbeutel gestoßen. *Hippocampus whitei* gebiert bis zu 200 Junge. Die Arbeit des Männchens ist damit erledigt. Die Jungen sind aus dem Beutel im freien Wasser und müssen von nun an allein zurechtkommen.

Das Ei in mir hat sich an der Schleimhaut meiner Gebärmutter festgesetzt, während das Seepferdchenmännchen seine Jungen aus dem Beutel entlassen hat. Es sind Millionen von Jahren vergangen, seit die ersten Lebewesen das Meer verlassen haben und Säugetierweibchen begonnen haben, die Eier in ihrem eigenen Körper zu tragen. Die Evolution hat mir die Pflicht auferlegt, mein Baby auszutragen, ich kann das Ei nicht einfach einem Männchen überlassen.

In meinem Ei, das nun, da es sich festgesetzt hat, als Embryo bezeichnet wird, kommt es zu raschen Zellteilungen. Die äußere Zellschicht um den wachsenden Ball drückt sich immer weiter in die Schleimhaut. Auch diese Zellen beginnen sich zu teilen und bauen die Plazenta (den Mutterkuchen) auf, die uns verbinden und für die Ernährung meines Embryos sorgen wird. Die Zellen dieser äußeren Schicht umschließen dabei mehr und mehr meine Blutgefäße. Gleichzeitig beginnt der sich ausbildende Mutterkuchen das Hormon hCG (Humanes Choriongonadotropin) zu produzieren. Jetzt wird es kompliziert, denn das Ziel dieses Hormones ist es, meinem Körper mitzuteilen, dass er schwanger ist. Denn wenn der Körper nicht versteht, dass sich ein Baby in die Schleimhäute der Gebärmutter gebohrt hat, fährt er wie üblich mit dem Regelzyklus fort. Und dann bleibt mir gerade noch eine Woche bis zur nächsten Menstruation.

An der Stelle, an der das reife Ei in den Eierstöcken freigesetzt wurde, sitzen noch immer einige Follikelzellen. An dieser Stelle entsteht nun etwas, das als Gelbkörper oder *corpus luteum* bezeichnet wird. Dieses kleine Organ produziert die Hormone Progesteron und Östrogen. Mit dem Aufbau der Placenta produziert der Gelbkörper immer mehr Progesteron, wodurch verhindert wird, dass die Schleimhäute sich ablösen. Sollte das befruchtete Ei sich nicht in den Schleimhäuten festsetzen und eine Placenta bilden, die hCG produziert, hört der Gelbkörper mit der Produktion des Progesterons auf.[4] Dann beginnt der Menstruationszyklus. Bei mir übernimmt der Embryo nun aber die Regie und die gewohnten Zyklen werden ausgesetzt. Die Konzentration von hCG nimmt mit jedem Tag zu, und bald darauf wird dieses Hormon zeigen, was sich in meiner Gebärmutter versteckt.

Es sollen noch 37 Wochen vergehen, bis ich in glücklicher Ekstase ein Bild von mir selbst an Freunde und Verwandte schicke, auf dem ich aussehe wie eine harmonische Madonna mit einem neugeborenen Baby an der Brust. Im Moment ist die Beziehung zwischen mir und dem Embryo allerdings alles andere als harmonisch. Ich bin keine aufopfernde Mutter, die für das kleine Wesen alles in ihrer Macht Stehende tut, und der Embryo ist kein hilfloses, kleines Geschöpf. Tief in mir drin läuft so etwas wie ein Krieg, und das hCG ist eine der Waffen, die in diesem zur Anwendung kommt.

Häufig heißt es, dass das Ei sich an die Gebärmutterwand heftet, und es stimmt ja auch, dass es sich in den Schleimhäuten festsetzt, die mein Körper aufgebaut hat. Aber bloß zu sagen, dass die Embryonalzellen in das Gebärmuttergewebe eindringen, meinen Blutkreislauf kapern und über ein eigenes Organ an meinem Stoffwechsel teilnehmen, um »sich festzusetzen«, ist eine Untertreibung.[5]

Bevor das Ei befruchtet wird, also noch während die Gebärmutter die Schleimhäute aufbaut, geschieht etwas mit den Spiralarterien, die das Blut in das innere Gewebe der Gebärmutter leiten. Sie haben ihren Namen, weil diese Arterien deutlich länger werden und sich wie ein Korkenzieher drehen, wenn es zum Eisprung kommt. Sie führen Blut zu den sich aufbauenden Schleimhautwänden und sorgen im Regelfall dafür, dass diese sich lösen und mit dem Blut ausgespült werden können. Gleichzeitig sorgen die Spiralform und die Muskelzellen an den dicken Wänden der Arterien dafür, dass der Blutstrom schnell wieder versiegt und wir nicht verbluten. Setzt der Embryo sich fest und dringt in die Schleimhäute ein, wachsen die Zellen der äußeren Zellschicht des Embryos in Richtung dieser Arterien. Die dicken Wände der Spiralarterien werden dabei zersetzt und deutlich dünner und gerader wieder neu aufgebaut. Mein Körper kann diese Adern jetzt nicht mehr zusammendrücken und dadurch kontrollieren, wie viel Blut hindurchfließt.[6] Der Embryo übernimmt statdessen die Kontrolle über den Blutstrom. Der dabei entstehende Konflikt ist groß. Der Embryo will möglichst viel Kontrolle über die Nahrungszufuhr, er will bekommen, was er braucht, während mein Körper sicherstellen will, dass nur ein lebensfähiger Embryo ernährt wird und mir nicht so viel Kraft genommen wird, dass mein Leben in Gefahr ist.

Im Laufe der Evolutionsgeschichte hat sich ein Wettrüsten zwischen Embryo und Mutter entwickelt. Der australische Genetiker und Evolutionsbiologe David Haig bringt zum Ausdruck, dass im mütterlich-fetalen Konflikt die beiden Individuen nicht notwendigerweise dieselben Bedürfnisse haben. Der Embryo will leben, die Kombination der Genvarianten,[7] die er in sich trägt, ist einmalig und findet sich nur bei ihm. Wie viel Energie die Mutter für den Fötus aufbringt, den sie in sich trägt, ist entscheidend dafür, ob er geboren werden kann und lebensfähig ist. Der Fötus will deshalb so viel Nahrung, wie er nur kriegen kann. Aus mütterlicher Sicht ist das etwas anders. Ihre Gene befinden sich in dem Fötus, den sie in sich trägt, sie befinden sich aber auch in dem Kind, das sie bereits hat, und sie werden sich auch in zukünftigen Föten befinden. Ihr ist deshalb damit gedient, dem Fötus nicht alles zu geben, was dieser haben will, sondern zu regulieren, wieviel Energie sie für den Fötus bereitstellt und wie viel sie für sich selbst reserviert. Vielleicht braucht sie diese Energie, um ein zweijähriges Kind zu stillen, vielleicht muss der Körper sich genug Kraft sichern, um nach der Geburt nicht vor Erschöpfung zu sterben.

Im Laufe der Evolution ist den menschlichen Föten gelungen, sich festzusetzen, die Spiralarterien zu übernehmen und sich einen Großteil dessen, was sie brauchen, zu nehmen. Gleichzeitig haben die mütterlichen Gene sich anzupassen versucht, um die Nahrung, die der Fötus bekommt, auf ein Maß zu begrenzen, das optimal für Mutter und Kind ist.[8]

Arten ohne Menstruation haben Mutterkuchen entwickelt, die mehr oder weniger vorsichtig »fragen«, ob sie von der Gebärmutterwand nicht ein bisschen Nahrung abzwacken könnten. Bei uns hingegen versucht der Fötus, immer dichter an das nahrungsreiche Blut zu gelangen, weshalb die Mütter immer dickere Schleimhäute produziert haben. Schließlich gab es keine andere Möglichkeit mehr, als diese Schleimhäute mit Blut auszuspülen, wenn das Ei nicht befruchtet wurde oder nicht stark genug ist, um sich festzusetzen und das Bollwerk des Körpers zu durchbrechen.

Es ist einer der letzten warmen Sommerabende dieses Jahres. Wir sitzen auf dem Balkon, und ich trinke zwei Schluck von dem Bier meines Partners. Vielleicht ist es das letzte Mal für lange Zeit, dass ich Alkohol trinken werde. Die wenigen Tropfen schmecken verboten gut. Wie das nächste Jahr wird, ob ich Bier trinken oder ein Baby in mir tragen werde, hängt davon ab, wie der stille Kampf im Inneren meiner Gebärmutter ausgeht.

Woche 4

Ich hätte meine Tage bekommen müssen, weiß aber, warum ich sie nicht bekommen habe. Heute Morgen beim Aufstehen ist es mir gelungen, die Aufmerksamkeit meiner Dreijährigen auf ein Blatt mit Stickern zu lenken, sodass ich endlich einmal ungestört aufs Klo gehen konnte. Ich habe in eine Tasse gepinkelt, das weiße, längliche Päckchen oben aus dem Spiegelschrank genommen und den Teststab aus der Plastikverpackung gezogen. Dann habe ich die Saugspitze des Stabs für einen Moment in den Urin gehalten und den Rest ins Klo geschüttet, bevor die Stickergeduld ein Ende fand. Während ich dann etwas später Haferflocken und Milch in eine Schale gefüllt und Verhandlungen darüber geführt habe, wie viel Marmelade nötig ist, hat das hCG in meinem Urin langsam, aber sicher zwei blaue Streifen auf dem Testfenster zum Vorschein gebracht.

Ich bin jetzt also nicht mehr allein in meinem Körper. Ich bin ein Brutkasten, wenn auch noch nicht so richtig. Es werden noch viele Wochen vergehen, bis ich es laut sagen kann. Mit Schrödingers Fötus kann noch alles geschehen.[1] Er lebt und übernimmt deinen Körper oder er hört irgendwann auf zu leben und gleitet als ein toter Klumpen aus Blut und Schleim aus dir heraus. Ich hoffe, dass ich ihn in den kommenden Monaten mit mir herumtragen darf.

Vier Wochen sitzt das Eiderentenweibchen *(Somateria mollissima)* auf seinem Nest. Es kann nicht aufs Meer hinausschwimmen, um Nahrung aufzunehmen, denn dann würde der kalte Wind

die Föten in den Eiern sofort töten. Es kann das Nest nur kurz verlassen, um etwas zu trinken. Das Weibchen wird in dieser Zeit dünner und dünner, es hält aber aus, bis sie die Kleinen, kaum dass sie die Eierschalen mit dem kleinen Zahn, der sich vorübergehend auf ihrem Schnabel gebildet hat, aufgeschlagen und ihre daunigen Köpfchen nach draußen gestreckt haben. Gleich darauf verlässt das Weibchen mit seinen Jungen das Nest und geht aufs Wasser. Das Weibchen verliert in der Brutzeit bis zu 40 Prozent ihres Körpergewichts. Tag für Tag muss es aufs Neue entscheiden, ob es auf dem Nest sitzen bleiben oder es verlassen soll, um Nahrung aufzunehmen, damit es nicht stirbt und im nächsten Jahr eine neue Brut versuchen kann.

Das Nest hat die Ente mit ihren weichen Daunen ausgepolstert. Diese Daunen sind der Grund dafür, dass dieser Vogel der erste nordische Hausvogel wurde, lange vor Hühnern oder anderen Enten. Die Eiderente ist groß, ihr Gefieder ist braun gesprenkelt und ihr Schnabel bildet eine gerade Linie von der Stirn des Vogels bis zur Spitze, woran diese Art gut zu erkennen ist. Entlang der Küsten von Norwegen, Island und den Färöern haben die Menschen über Generationen hinweg alles vorbereitet, damit das Eiderentenweibchen sich wohlfühlt und seine Eier in der Nähe der menschlichen Behausungen ablegt.[2] Während die Männchen aufs Meer zurückkehren und mit den anderen Männchen große Schwärme bilden, um ihr Gefieder zu wechseln, geht das Weibchen an Land. Es wählt dabei gerne den Brutplatz des Vorjahres. Für das Weibchen ist es in der Nähe der Menschen sicherer, erst recht, wenn diese ihnen kleine Häuschen gebaut haben und dafür sorgen, dass Katzen und Hunde sie nicht bei der Brut stören. Häufig hat man ihnen auch getrockneten Seetang als Nistmaterial hingelegt. Auch finden sich in der Nähe der Menschen weniger Raubtiere. Im Gegenzug bekommen die Menschen die Daunen, wenn die Jungen das Nest verlassen haben. Diese Daunen werden genutzt, um die weltbesten Daunendecken herzustellen. Eine Decke mit norwegischen Entendaunen kann bis zu 6 000 Euro kosten und über Generationen hinweg für Wärme sorgen.[3]

Wenn das Weibchen das Nest mit den geschlüpften Jungen verlässt, ist nur der erste Teil ihres Jobs erledigt. Vor ihr liegen einige Wochen mit intensiver Fürsorge im flachen Wasser, bis die Kleinen groß genug sind, mit ins tiefe Wasser zu schwimmen, wo sie nach besserer Nahrung tauchen können. Das Weibchen ist ausgehungert und müde. Ist es zu erschöpft, um im flachen Wasser auf die Jungen aufzupassen, überlässt es die Kleinen gerne einmal einem anderen Eiderentenweibchen. Etwa die Hälfte der Eiderentenweibchen verlassen ihre Jungen, nachdem sie sie ins Wasser geleitet und ein anderes Weibchen gefunden haben, das auf sie aufpassen kann. In den tieferen Zonen ist die Nahrung besser, dorthin kann das Weibchen mit den Jungen aber noch nicht gehen. Vielleicht sichert die Entenmutter mit dem Verlassen ihrer Kleinen, dass sowohl sie als auch die Küken eine Überlebenschance haben.

Die Eiderentenweibchen sammeln sich zu mehreren und häufig bilden auch die Jungen der unterschiedlichen Bruten gemeinsame Gruppen. Sind die Weibchen, die die Küken der anderen annehmen, einfach nur gutmütig? Sind diese Entenkindergärten lediglich eine nette Geste? Die Antwort auf diese Fragen ist nicht ganz einfach, da die Weibchen, die gemeinsam auf ihre Kinder aufpassen, dadurch auch einen Vorteil haben – sie können sich etwas weiter von den Jungen entfernen und tiefer tauchen, um bessere Nahrung zu finden. Sie teilen sich die Sorge vor Möwen, die es auf die Entenküken abgesehen haben. Aber warum adoptieren sie die Jungen anderer Weibchen, die nie wieder zurückkommen? Möglicherweise gibt es auch hierfür eine gute Erklärung. Die Eiderentenjungen erhalten ihre Nahrung nicht direkt von den Elterntieren, sie finden sie selbst, weshalb es nicht unbedingt ein Problem ist, mehr Küken im Schlepptau zu haben. Vielleicht führt das Weibchen auch eine einfache Wahrscheinlichkeitsrechnung durch: je mehr Küken, desto geringer die Gefahr, dass eines der eigenen von einer hungrigen Möwe geschnappt wird. Es kann dabei tatsächlich ein Vorteil sein, umringt von Küken zu sein, um die man sich nicht wirklich kümmern muss, denn wenn das Weibchen warnt, dass ein Raubvogel sich nähert, reagieren die biologischen Jungen schneller als die Adoptivküken und drücken sich als Erste in ihr Gefieder. Das Risiko, gefressen zu werden, ist bei den fremden Küken viel größer. Anders ausgedrückt fungieren sie als Möwenfutter, wodurch das Überleben der eigenen Küken gesichert ist.[4]

Für das Weibchen auf dem Nest ist es eine evolutionär bedingte Kalkulation: Schaffe ich es, diese Jungen aufzuziehen, oder werde ich bei dem Versuch umkommen? Muss ich meine Kräfte für das nächste Jahr und die nächste Brut aufsparen? Die Entscheidung, in diesem Jahr Eier zu legen und nicht zusätzliche Energie für das nächste Jahr zu sammeln, ist ja bereits gefallen. Viele Tiere treffen solche Abwägungen und fragen sich, wann die beste Zeit für Nachkommen ist.

Wenn der Braunbär *(Ursus arctos)* schwanger wird, heften die Eier sich nicht gleich an die Gebärmutterwand. Statt sich schnell zu teilen und zu einem Embryo heranzuwachsen, verharrt die Entwicklung der befruchteten Eier, nachdem diese sich ein paar Mal geteilt haben und zu kleinen Zellballen herangewachsen sind. Die Eier bleiben von der Paarung im Sommer bis zu dem Zeitpunkt, in dem die Bärin ein sicheres Winterlager gefunden hat und die Winterruhe beginnt, in diesem Zustand. Aber nicht einmal dann dürfen die kleinen Embryos sich ungehemmt entwickeln. Hat die Mutter sich keine ausreichend dicke Fettschicht angefressen, um schlafend die Schwangerschaft und den Stillprozess zu überstehen, setzen die befruchteten Eier sich nicht fest.[5] Die Bärin verwendet keine Energie für Junge, die aufzuziehen ihr die Kraft fehlt. Da dreht sie sich lieber um, leckt ihre Pranken und wartet auf bessere Zeiten.

Auch wir Menschen werden nicht schwanger, wenn die Energie für die lange Schwangerschaft fehlt. Es gibt bei uns keine embryonale Diapause, wie bei den Bären, bei uns setzt ganz einfach der Eisprung aus, wenn wir nicht genug Fleisch auf den Knochen haben.[6] Diese Strategie ist in Notzeiten sehr sinnvoll.

Ich leide keine Not, bei mir ist es zum Eisprung gekommen, und ich bin schwanger geworden. Ich kann einen wachsenden Bauch tragen, kriege zu essen, was ich brauche, und muss auch nicht stillsitzen und brüten. Mein Embryo hält sich fest, er will leben. Aber schon bald wird er mich für mehrere Monate wenigstens teilweise außer Gefecht setzen. Die Übelkeit wird kommen.

Die Jungen des Schnabeltiers *(Ornithorhynchus anatinus)* schlüpfen wie die der Eiderente nach vier Wochen, wovon sie allerdings knapp drei im Inneren des Muttertieres verbracht haben. Das Schnabeltier ist ein eierlegendes Säugetier, es hat einen otterähnlichen Körper mit breitem Schwanz und einem großen, flachen Schnabel. Die Art lebt im Wasser und legt Eier, stillt die Jungen aber wie wir mit seiner Milch. Und doch läuft bei diesem Tier alles ganz anders. Während die Eier sich im Inneren des Muttertiers befinden, kann es sich frei bewegen und Nahrung aufnehmen. Erst in den letzten zehn Tagen, wenn das Weibchen die Eier auf ihrem Bauch abgelegt hat, liegt es still in seiner Höhle und schützt die Eier mit dem nach vorn gelegten, langen Schwanz.

Mittlerweile sind die Jungen geschlüpft. Sie haben einen kleinen Zahn auf dem Schnabel, um die weiche Eierschale aufzubrechen, der später abfallen wird. Ähnliches kennen wir von diversen Vögeln. Das Schnabeltier ist jetzt nicht mehr trächtig, der Körper des Weibchens ist frei, die Jungen sind aber noch haarlos, nackt und vollkommen von der Mutter abhängig. Sie gibt ihnen Milch, hat aber keine Zitzen oder Brustwarzen. Stattdessen rinnt die Milch aus kleinen Poren in der Haut in ihr Fell, wo die Jungen sie mit ihren Schnäbeln aus dem Fell aufsaugen. Die Kleinen werden die Höhle erst nach drei oder vier Monaten verlassen. In der Zwischenzeit kann das Weibchen die Höhle aber hin und wieder verlassen, um Nahrung zu suchen, wobei die Zeiten, die es die Jungen allein lässt, immer länger werden. Das Weibchen braucht Nahrung, um Milch produzieren zu können, und es muss dafür vier- bis fünfmal so viel fressen wie sonst üblich.[7] Um einen Vergleichswert zu geben: Eine stillende Frau muss ihre Nahrungsaufnahme um etwa ein Viertel erhöhen. Aber bis ich so weit bin, habe ich noch 39 Wochen zu überstehen. Im Moment braucht mein Körper noch keine Extrarationen, mein Embryo ist noch klein.

Wir spielen nach dem Kindergarten im Hinterhof. Unsere Dreijährige will nach Insekten suchen, weshalb wir Steine umdrehen und Blumenbeete umgraben. Ich hebe eine Platte an. Die Asseln, die darunter ihr Heim haben, laufen davon und versuchen sich zu verstecken. Wir fangen einige davon, drehen sie auf den Rücken und schauen, ob sie Eier zwischen den Beinen haben.

Die Gemeine Rollassel *(Armadillidium vulgare)*, dieses kleine, wie ein Trilobit aussehende Tier, das in ganz Europa unter Steinen zu finden ist, ist in Wahrheit gar kein Insekt: Asseln gehören zu den Krebstieren. Wie unsere Vorväter sind sie aus dem Wasser an Land gegangen, um die neuen Weidegründe zu nutzen und neue Lebensräume zu erobern. Sie gehören zoologisch zur Ordnung der Isopoda. Diese Ordnung der Krebstiere umfasst mehr als 10 000 Arten im Meer, Süßwasser und an Land. Asseln atmen noch immer mit Kiemen, weshalb ihre Verbreitung sich auf feuchte Lebensräume beschränkt, auch wenn die harte Oberschale ihre Körperflüssigkeit gut schützt und dafür sorgt, dass die Tiere in der Sonne nicht so schnell austrocknen. Asseln haben sieben Beinpaare, ein deutliches Zeichen, dass sie weder Insekten noch Spinnen sind, die nur drei oder vier Beinpaare haben. Die Asselweibchen verstecken ihre Eier zwischen den Beinen, bis der Nachwuchs zum Schlüpfen bereit ist.

Die Gemeine Rollassel trägt ihre Jungen vier Wochen lang in einem Brutbeutel unter dem Körper. Dort baden sie in Flüssigkeit, und wachsen geschützt heran, bis sie so groß sind, dass ihre Mutter irgendwann nicht mehr in der Lage ist, sich zum Schutz zusammenzurollen, was der wichtigste Verteidigungsmechanismus der Tiere ist. Sie wird von der Reproduktionsart, die die Evolution hervorgebracht hat, ebenso in die Knie gezwungen wie ich, wenn ich in neun Monaten meine Schuhe nicht mehr binden kann. Ist die junge Asselschar erst geboren und der Brutbeutel leer, ist die Assel bereit für den nächsten Nachwuchs. Asseln leben mehrere Jahre und reproduzieren sich in dieser Zeit mehrfach.[8]

Woche 5

Der kleine Zellklumpen in meinem Bauch teilt sich weiter. Solange ich nicht zu bluten beginne, muss ich davon ausgehen, dass er lebt. Die Zellen des Embryos beginnen sich zu spezialisieren: Von jetzt an hat der Zellklumpen ein Oben und ein Unten, eine Vor- und Rückseite sowie die Andeutung eines Rückgrats.[1] Für mich hat die Kehrseite der Schwangerschaft begonnen, die morgendliche Übelkeit meldet sich als eine Art Bestätigung, dass der Embryo noch da ist. Der Parasit hat sich festgesetzt, mein Körper ist übernommen worden. Die Übelkeit beginnt als leichtes Unwohlsein, ich kenne das aber schon und weiß, wohin es führt. Eigentlich könnte ich meinem Chef schon jetzt Bescheid sagen. Ich habe eine feste Anstellung und das Gesetz gibt mir Rückendeckung. Er kann mich nicht kündigen, nur weil ich mich reproduziere. Ich muss es also nicht vor den anderen verstecken, sondern meine Kollegen darauf vorbereiten, dass ich in der nächsten Zeit einige Wochen ausfallen werde. Gleichzeitig wächst die Unsicherheit. Passt es wirklich, jetzt schwanger zu sein? Mit gerade diesem Kind?

Nach fünf Wochen wirft das Kaninchen *(Oryctolagus cuniculus)* seine kleinen, haarlosen Jungen. Neben dem fehlenden Pelz, der bald noch wachsen wird, sind es perfekte kleine Kaninchen mit langen Ohren, einem weichen Bauch, einer Schnauze und einem Schwänzchen. Sie liegen vollkommen still in dem weichen Nest, dass ihre Mutter aus trockenem Gras und ihrem eigenen Fell gemacht hat. Um sie vor Raubtieren zu schützen und keine Gerüche zu hinterlassen, geht sie nur zweimal am Tag zum Stillen zum Nest.

Ich denke die ganze Zeit an den Zellklumpen in mir. Teilt er sich noch immer? Gibt es irgendwelche Anzeichen dafür, dass ich schwanger bin? Oder gibt es Symptome, die auf das Gegenteil hinweisen? Es sind noch Wochen, bis ich zum ersten Mal zur Ultraschalluntersuchung ins Krankenhaus gehen und zu sehen bekommen werde, ob da tatsächlich etwas in mir heranwächst. Vielleicht bilde ich mir das Ganze ja auch nur ein. Bis auf Weiteres muss ich auf meinen Körper vertrauen und den Barkeeper um alkoholfreies Bier in einem normalen Glas bitten, damit mir die Fragen erspart bleiben, warum ich nicht trinke. Und meinen Herbst so planen, als würde ich nicht im Bett liegen und mich den ganzen Tag übergeben.

Denkt die Kaninchenmutter an ihre Jungen, wenn sie nicht bei ihnen ist und stattdessen frisst, um genug Milch zu haben? Fragt sie sich, ob ein Raubtier den Weg in den Bau gefunden hat und ob die kleinen Herzen ihrer Jungen noch schlagen?

In Woche fünf legt auch das Namaqua Chamäleon *(Chamaeleo namaquensis)* seine Eier. Fünf Wochen hat das Weibchen sie mit sich herumgetragen, jetzt legt es sie in eine frisch gegrabene Grube. Es werden noch weitere 15 Wochen vergehen, bis die Kleinen zu schlüpfen bereit sind. Sie müssen jetzt aber nicht mehr mit ihrem Körper geschützt werden, der feuchte Sand um sie herum reicht aus.

Das Namaqua-Chamäleon ist ein Wüstenchamäleon. Im Gegensatz zu den anderen Chamäleonarten bleibt es auf dem Boden. Das Weibchen läuft über den heißen Sand, fängt mit seiner langen Zunge Insekten und kleine Eidechsen und bewacht sein Territorium. Außerhalb der Paarungszeit jagt es alle anderen Chamäleons fort. Vor fünf Wochen hat es sich mit einem Männchen aus einem der Nachbarterritorien gepaart, was nach den einleitenden Runden ganz schnell ging. Erst haben sie sich nur angestarrt. Das Männchen hat Körper und Kopf bewegt, um zu zeigen, dass es sich paaren will, und das Weibchen hat abgewogen, ob es ihn verjagen oder akzeptieren soll. Es ist größer als das Männchen und entscheidet, was passieren wird. Dieses Mal ist es zur Paarung bereit. Das Männchen hat einen seiner Hemipenise in die Kloake des Weibchens gesteckt und die Eier befruchtet, bevor das Weibchen es wieder aus seinem Territorium verjagt hat. Das Chamäleon hat wie die meisten Schuppenkriechtiere nur eine Öffnung, die für Reproduktion und Ausscheidungen verantwortlich ist. Diese Öffnung nennt man Kloake, und in der Kloake des Männchens versteckt sich sein Geschlechtsorgan. Es ist geteilt – deshalb die Vorsilbe »hemi« – und kann anschwellen. Trotzdem erinnert dieses Organ nur wenig an den Penis, den wir vom Menschen kennen, denn es hat Stacheln oder Haken, um das Weibchen festzuhalten. Die Hoden sind jeweils an einen Hemipenis gekoppelt. Auf diese Weise braucht das Männchen nicht gleich alle Spermien auf, sondern hat noch einen Schuss frei, sollte noch ein anderes Weibchen gewillt sein, bevor sich der benutzte Hemipenis wieder regeneriert hat.[2]

Das Weibchen gräbt ein Loch in den Sand, bis es die feuchten Schichten erreicht, die sicherstellen, dass die Eier nicht austrocknen. Wenn es mit dem Loch zufrieden ist, legt es ein bis zwei Eier, schaufelt etwas Sand darüber, legt zwei weitere, und so weiter, bis es etwa zehn Eier gelegt hat. Schließlich füllt es das Loch mit weiterem Sand auf. Danach muss es sich ausruhen und fressen, damit sein Körper regeneriert. Danach wiederholt es die Arbeit. Während die ersten Eier bereits heranreifen, legt es im Laufe der Saison häufig noch einen zweiten und dritten Wurf.[3]

Während mein Embryo sich noch tiefer in die Gebärmutterschleimhaut gräbt, kriecht der Embryo des Östlichen Grauen Riesenkängurus *(Macropus giganteus)* an dem Bauch des Muttertieres in die Höhe. Das weibliche Känguru lehnt dabei den Körper nach hinten und verlagert das Gewicht auf den Schwanz. Die Geburtsöffnung wird nach oben gedrückt, damit der kleine, bohnengroße Embryo in den Beutel kriechen kann.[4] Aber ist das kleine Wesen damit wirklich noch ein Embryo? Es ist ja schon auf die Welt gekommen. Andererseits hat es noch keinen Pelz, die Hinterbeine sind noch unterentwickelt und die Augen verklebt. Der Körper wird im Laufe der nächsten Monate heranreifen, vorausgesetzt der Embryo schafft den Weg in den Beutel. Dort wird die kleine Bohne sich an einer Zitze festsaugen, die in ihrem Mund anschwillt, damit sie sie nicht verlieren kann. Die Zitze wird zu so etwas wie der Nabelschnur des Embryos. Das kleine Känguru ist zwar nicht mehr im Innern eines Körpers, trotzdem gibt dieser ihm mit dem Beutel, den die Mutter gesäubert und vorbereitet hat, den Schutz, den es braucht. Das kleine Känguru wird ganze elf Monate im Beutel verbringen, und auch noch neun Monate danach wird es abhängig von der Milch seiner Mutter sein.[5]

Das neugeborene Kängurubaby hat die erste Reise seines Lebens gemeistert, jetzt wird es für viele Monate Nahrung und Schutz im Beutel finden, bevor es wieder raus in die Welt muss. Gleichzeitig wird das Känguruweibchen wieder brünstig. Es paart sich und ein neues Ei wird befruchtet. Känguruweibchen sind wirklich Meisterinnnen des Multitaskings: Sie haben ein Junges im Beutel, ein befruchtetes Ei auf dem Weg in die Gebärmutter in sich und ein Junges neben sich, das zu groß für den Beutel ist, aber aus der Brustwarze, die das Böhnchen nicht braucht, gestillt wird. Das befruchtete Ei wächst noch nicht weiter. Es stagniert als Zellball, bereit, sich weiterzuentwickeln, sobald das Junge im Beutel die Zitze loslässt und groß genug für die Welt ist. Das Ei wächst dann fünf Wochen heran, bis der neue Embryo sich seinerseits auf die Reise in den Beutel macht.[6]

Das Känguru ist wie der Braunbär in der Lage, die Entwicklung des Embryos zu unterbrechen. Das neue Ei muss warten, bis der Körper der Mutter das Signal gibt, dass jetzt Platz vorhanden ist. Auf diese Weise hat das Känguru ein neues Baby in der Warteschleife, sollte mit dem Jungen im Beutel, zum Beispiel auf der Flucht vor einem Buschbrand oder durch Nahrungsmangel, etwas passieren.

Sollte es aber wie geplant heranwachsen und irgendwann selbst klarkommen, kann das Weibchen sich sofort um das nächste Junge kümmern, ohne erst ein passendes Männchen finden zu müssen.

Bei Bären und vielen anderen Tieren ist die embryonale Diapause obligatorisch. Sie ermöglicht es den Muttertieren, sich im Herbst ein dickes Fettpolster anzufressen und keine Kraft damit zu vergeuden, einen Partner zu finden. Bei den Kängurus ist diese Diapause flexibel, sie ist eine Anpassung an die Gefahr, ein Junges zu verlieren und dann vielleicht kein Männchen mehr zu finden.[7]

Wir kopieren das Känguru, wenn wir befruchtete Eier in einer Geburtsklinik lagern. Dank dieser technologischen Diapause können Menschen künstlich befruchtet werden, sollte die Gebärmutter aus den unterschiedlichsten Gründen Hilfe brauchen. Meine hat keine Hilfe gebraucht, dabei würde ich den Embryo in meinem Bauch gerne für eine Weile im Zellballstadium halten. Ich war schon einmal schwanger und weiß, dass mein Körper damit nicht gut zurechtkommt. Ich habe mich lange und heftig erbrochen und bin wirklich nicht scharf darauf, dass das jetzt schon bald wieder damit losgeht.

Obwohl ich diese Schwangerschaft geplant habe, sind meine Gefühle ambivalent. Ich würde gerne wissen, dass ich schwanger bin, möchte Sicherheit, dass das Ei sich wirklich festgesetzt hat, und würde die weitere Entwicklung dann gerne anhalten. Auf der Arbeit habe ich gerade ein spannendes Projekt, das ich gerne noch zu Ende bringen würde, bevor ich einem neuen Leben erlaube, meinen Körper zu übernehmen. Man kann nicht genau planen, wann man schwanger wird, man kann es nur versuchen und sich freuen, wenn es geklappt hat. Natürlich ist der Zeitpunkt dann nicht immer optimal. Ich hätte die Zeit des Erbrechens lieber an den dunklen Wintertagen, statt jetzt im beginnenden Herbst mit all den schönen Farben. Ich wäre gerne noch auf das Seminar gefahren, das in ein paar Wochen stattfindet. Aber das werde ich nicht schaffen. Mein Embryo will es anders.

Woche 6

Die Übelkeit übernimmt die Regie. Sie pulsiert wie Wellen durch meinen Körper, und ich hänge gebeugt über der Kloschüssel. Aus dem Bad schleppe ich mich zurück ins verdunkelte Schlafzimmer. Neben dem Bett steht ein Eimer, und ich esse Zwieback und trinke schlückchenweise Wasser. Mein Körper wird schwach, und mein Hirn fokussiert sich nur noch darauf, dass ich das irgendwie durchstehe. Von einem Tag auf den anderen wird aus dem rationalen Menschen mit den kreativen Ideen bei den Arbeitsbesprechungen, den schlagfertigen Antworten beim Mittagessen und den offenen Ohren für Freunde eine Brutkammer, eine Hülle um einen Embryo, ein Wesen, das die Tage zu überstehen versucht, damit sein Embryo leben kann.

In den ersten Tagen übergebe ich mich nur direkt nach dem Aufstehen. Den Rest des Tages funktioniere ich noch relativ normal. Doch eines Morgens geht plötzlich nichts mehr. Ich erbreche mich wieder und wieder. Ich hoffe, dass es vorbeigeht, und will mich nur ein bisschen auf dem Sofa ausruhen, bevor ich zur Arbeit gehe, doch das Erbrechen nimmt kein Ende. Irgendwann melde ich mich krank und informiere meinen Partner. Danach schaltet das rationale Gehirn sich vollkommen aus.

Mit einem Mal geht es nur noch darum, wie ich es vom Bett ins Bad und zurück schaffe. Selbst kleine Schlucke Wasser kommen wieder hoch. Kaffee geht gar nicht. Aus dem tatkräftigen Menschen wird ein Körper mit Bedürfnissen. Nahrung rein, Abfallstoffe raus, wobei das System jetzt gerade in Schieflage gerät, weil plötzlich alles wieder rauskommt. Nichts funktioniert mehr. Es ist der fremde Körper, der schließlich dazu führt, dass mein Kopf sich vollends ausschaltet und ich nur noch Körper bin.

Das Internet versucht mich zu beruhigen, dass diese Zeit vorbeigeht, ich weiß aber, dass auch das Gegenteil möglich ist. Einigen Schwangeren wird so schlecht, dass sie nicht mehr funktionieren. Ihre Embryos machen sie schlapper und schlapper, während die Embryos selbst groß und stark werden. Ich muss in meiner warmen, dunklen Höhle, meinem Bett bleiben und registriere nur schwach, wie die Welt da draußen an mir vorbeirauscht. Meine Dreijährige läuft um mein Bett herum, und jede Bewegung lässt die Übelkeit erneut aufflackern. Mein Partner erfüllt die immer anspruchsvolleren Essenswünsche, die ich ihm im Laufe des Tages per SMS schicke. Leicht getoastete Brotscheiben mit Butter und etwas Käse. Pommes ohne Kräuter. Dünne Scheiben der sauteuren Pink-Lady-Äpfel.

Der Embryo hat sich mit aller Macht angedockt, er holt sich die Nahrung aus meinem Körper, was der Grund für meine Übelkeit ist. Auch wenn er nur drei Millimeter lang ist und wie ein winziger Regenwurm aussieht, schaffe ich es nicht mehr, ein normales Mittagessen zu essen, mit dem Hund rauszugehen oder der Kleinen etwas vorzulesen.

Was da mit mir vorgeht, muss doch ein evolutionärer Fehler sein! Ich glaube wirklich, dass ich ohne die milden Essen, die mein Partner mir ans Bett bringt, nicht überleben würde. Nicht zu vergessen die übelkeitsdämpfenden Mittel, die mein Arzt mir aufschreibt, und das Attest, dank dem ich zu Hause im dunklen Bett bleiben kann, während unsere Dreijährige im Kindergarten ist und die Kollegen mir Fotos von dem Jahresseminar auf der Dänemarkfähre schicken. Hätte ich in einer Steinzeithöhle überlebt oder als einer der Frühmenschen vor 200 000 Jahren?

Die führende wissenschaftliche Hypothese besagt, dass die morgendliche Übelkeit sowohl den Embryo als auch mich schützt.[1] Sie ist in den Wochen am schlimmsten, in denen die kleine Larve im Bauch das größte Risiko eingeht, durch gefährliche Stoffe in der Nahrung Schaden zu nehmen. Gleichzeitig ist auch mein Risiko, an verdorbenem Essen zu erkranken, in dieser Zeit am größten. Mein Immunsystem läuft im Sparmodus, damit mein Körper den Eindringling in meiner Gebärmutter nicht abstößt.

Noch heute ist vieles über die morgendliche Übelkeit unbekannt. Warum trifft sie nur einige von uns so hart, dass sie nicht mehr allein zurechtkommen? Man sollte denken, dass mein Embryo extra lebensfähig ist und eine Unmenge von Hormonen in mein Blut pumpt, die zu der Übelkeit führen. Es gibt aber keinen Unterschied im Hormonniveau zwischen Frauen, die sich erbrechen, und solchen, die keine Übelkeit empfinden. Ich kann mich nur damit trösten, dass das Risiko einer Fehlgeburt bei Frauen, die sich heftig erbrechen müssen, geringfügig geringer ist als bei denen, die nur eine leichte Übelkeit empfinden. Das minimal reduzierte Risiko wägt all das Erbrechen aber gefühlt nicht auf.

Interessant an den Studien über die Übelkeit ist, dass es einige Urvölker gibt, bei denen dieses Phänomen gänzlich unbekannt ist. An mehreren Stellen auf der Welt gibt es tatsächlich Völker, deren schwangere Frauen sich nie erbrechen müssen und die zu keinem Zeitpunkt in einer Welt leben, in der sich alles dreht. Diese Gesellschaften ernähren sich in der Regel von vorwiegend pflanzlicher Nahrung, häufig mit hohem Maisanteil. Es gibt aber auch Gesellschaften, die sich vorwiegend vegetarisch und mit hohem Maisanteil ernähren, in denen die Frauen sich trotzdem erbrechen. Es wäre also auch keine Kur, sich sein ganzes Leben nur von Mais zu ernähren.

Tierische Produkte zu vermeiden, ist für den schwangeren Körper von Vorteil, und die Nahrungsbestandteile, bei deren Anblick den meisten Schwangeren übel wird, sind Fleisch, Fisch und Eier. Fleisch, roh oder fertig zubereitet, das bei Raumtemperatur gelagert wird, ist ein guter Nährboden für Bakterien und Schimmel.[2]

Eine Studie zeigt, dass man vorhersagen kann, wie stark die Übelkeit in unterschiedlichen Gruppen verbreitet ist, wenn man deren Nahrung unter die Lupe nimmt. Am schlimmsten ist die Übelkeit, wenn die Ernährung aus wenig Getreide und viel Fleisch, Zucker, Ölgewächsen und Alkohol besteht.[3] Leider basiert die Statistik auf der Auswertung ganzer Gruppen. Ich trinke sehr wenig Alkohol und esse kein Fleisch, trotzdem bin ich am Boden, außerstande etwas dagegen zu tun, als sich mir der Magen umdreht.

Leiden auch andere Tiere an Übelkeit? Liegt die Meerschweinchenmama am Boden ihrer Höhle und sehnt sich nach frischen Halmen, und gibt es jemanden, der sie ihr dann bringt?

Erbrechen in Verbindung mit Schwangerschaft ist nur beim Menschen dokumentiert. Der einzige andere Beleg für eine veränderte Nahrungsaufnahme ist, dass Hündinnen in der dritten bis fünften ihrer neun Schwangerschaftswochen häufig etwas weniger essen. In Gefangenschaft zeigen auch Rhesusaffen zwischen der dritten und fünften ihrer dreiundzwanzig Schwangerschaftswochen weniger Appetit. Der Grund dafür sind Hormonänderungen ähnlich denen der Menschen im ersten Drittel der Schwangerschaft. Einmal wurde dokumentiert, dass Schimpansen in Gefangenschaft morgens unter Übelkeit litten, aber dieser Hinweis findet sich wirklich nur in einer von zahllosen Studien über diese Tiere. Warum leiden unsere nächsten Verwandten nicht auch unter Übelkeit?

Sollte es sich bei der morgendlichen Übelkeit um ein adaptiertes Verhalten handeln, das sich im Laufe der Evolution entwickelt hat, weil es einen Vorteil für uns bringt, würde dies begründen, warum die Übelkeit nur beim Menschen auftritt.

Verglichen mit den meisten anderen Säugetieren – und dabei sind Affen ausdrücklich eingeschlossen – haben die Menschen eine ungeheuer reichhaltige Ernährungsbasis. Es ist aber fast unmöglich, Enzyme für alle Arten von Giftstoffen zu erzeugen, die mit der Nahrung aufgenommen werden. Der Mensch hat das auf jeden

Fall noch nicht geschafft. Übelkeit und Erbrechen und die anschließende Aversion gegen bestimmte Nahrungsmittel sind eine Methode, um gefährlichen Giftstoffen fortan aus dem Weg zu gehen.[4]

Eigentlich ist der Begriff »morgendliche Übelkeit« falsch, wofür ich ein perfektes Beispiel bin. Schwangere Frauen trifft die Übelkeit nicht selten morgens und abends, und einige, die weniger Glück haben, leiden den ganzen Tag darunter.[5] Eine neutralere Bezeichnung lautet »*Nausea and Vomiting in Pregnancy (NVP)*« oder auf Deutsch: »Übelkeit und Erbrechen in der Schwangerschaft«.

Ich werde nicht sterben, auch wenn ich es in den nächsten Wochen nicht schaffen werde, mich um mich selbst und mein eigenes Essen zu kümmern. Ich gehöre zu einer sozialen Art, wir arbeiten nicht nur bei der Reproduktion zusammen, sondern auch bei der Nahrungsbeschaffung, dem Wohnungsbau und der Erziehung unserer Kinder. Wir helfen einander. Und wir sind nicht die Einzigen, die das tun.

Die Jungen der kleinen Spinnen mit dem vielsagenden Namen Afrikanische Soziale Spinne *(Stegodyphus dumicola)* schlüpfen etwa jetzt aus ihren Eiern.[6] Gemeinschaftlich bauen die etwa einen Zentimeter großen haarigen Spinnen ein großes, dichtes Haus aus Spinnweben, das sie an Zweigen und Blättern befestigen. Nahrung wird in separaten, zweidimensionalen Netzen in der Nähe gefangen. Das Haus wird über mehrere Generationen genutzt und wird von einigen Dutzend bis zu mehreren Tausend Spinnen bewohnt. Die Afrikanische Soziale Spinne lebt in kleinen Gemeinschaften mit hohem Inzuchtgrad. Vielleicht ist dies der Grund dafür, dass die Weibchen alles für die Jungen opfern, obwohl viele von ihnen nicht einmal selbst Eier gelegt haben.

Zum Zeitpunkt des Schlupfes sind nur noch Weibchen übrig. Die männlichen Spinnen sterben kurz nach Erreichen ihrer Reife. Die Weibchen brauchen länger, bis sie reproduktionsfähig sind. Rund sechzig Prozent der Spinnenweibchen, die sich um die Jungen kümmern, sind selbst noch nicht im reproduktionsfähigen

Alter. Trotzdem leisten sie ihren Beitrag, damit die Jungen sechs Wochen nach der Eiablage schlüpfen können. Sie haben beim Bau des Hauses geholfen und die Beutel bewacht, in denen die Eier geschützt im Inneren liegen. Sie schützen das Haus gemeinsam mit den anderen vor Eindringlingen und schaffen Nahrung für die Allgemeinheit herbei. Jetzt, da die kleinen, haarigen Spinnenjungen schlüpfen, nimmt die Hilfe eine andere Form an. Sowohl die weiblichen Spinnen, die Eier gelegt haben, als auch die anderen beginnen die Kleinen mit Insekten und einer Art Flüssigkeit zu füttern, die in ihrem eigenen Körper heranreift[7] — mit tödlichen Konsequenzen. Im Laufe der nächsten Monate erbrechen die erwachsenen Spinnen verdaute Nahrung, die die Jungen direkt aus ihren Mündern fressen. Aber nicht nur Nahrung wird erbrochen, sondern auch Bestandteile des eigenen Körpers. In einem Monat wird das erste Weibchen sterben, weil es die Jungen mit seinen Eingeweiden gefüttert hat. Ist es erst tot, saugen die kleinen Spinnen den Rest seiner Körperflüssigkeit auf, bis nur noch eine leere Hülle übrig bleibt. Man spricht von Matriphagie, wenn die Jungen ihre Mütter fressen, nur dass es hier nicht nur die Mütter sind, die gefressen werden. Im Laufe der nächsten Monate werden die meisten Weibchen von den Jungen aufgefressen worden sein. Die erwachsenen Weibchen sind für die nächste Generation damit sowohl Beschützer als auch lebende Nahrungsvorräte. Und wenn die Jungen groß genug sind und irgendwann allein zurechtkommen, dauert es nicht mehr lange, bis sie selbst gefressen werden.

Die »Spinnentanten«, die keinen eigenen Nachwuchs bekommen haben, sind keine gewöhnlichen Tanten. Sie sind viel enger mit den Jungen verwandt, die sie schließlich fressen, als menschliche Tanten mit ihren Nichten und Neffen. Die Afrikanische Soziale Spinne betreibt nämlich im hohen Maße Inzucht. Über Generationen hinweg paaren sich Geschwister mit Geschwistern. Kommen die Tanten zu spät zur Paarung, sind keine Männchen mehr übrig. Sie können ihr Glück auch nicht an einem anderen Ort versuchen.

Wollen sie sicherstellen, dass ihre Gene weitergegeben werden, bleibt ihnen nur die Möglichkeit, sich um die Jungen zu kümmern, die geboren werden, auch wenn es nicht ihre eigenen sind. Das bedeutet nicht, dass es sich bei diesen Spinnen ausschließlich um selbstaufopfernde Altruisten handelt, die alles für die kleinen Spinnen tun, egal, welche Eltern sie haben. Die Tiere haben einfach keine andere Chance sicherzustellen, dass wenigstens Varianten ihrer eigenen Gene überleben.[8]

Woche 7

Die Übelkeit umschließt mich wie Dunkelheit. Ich wiege mich langsam durch die Wellen, die durch meinen Magen und mein Hirn rollen. Mir wird schlecht, wenn ich Radio höre, auf einen Bildschirm schaue oder nur zu denken versuche. Ich liege im Bett im Dunkeln, beginne den Tag mit Erbrechen und beende ihn auch so. All meine Kräfte gehen dafür drauf, nach dem Kindergarten etwas mit meiner Dreijährigen zu reden. Sie kommt dann in mein Zimmer, will ein bisschen kuscheln, aber ihre abrupten Bewegungen lassen mir wieder übel werden. Ich habe Angst, dass sie mir in den Bauch tritt und ich mich auf sie erbreche. Sie umarmt mich, bevor sie ins Bett geht, schlingt ihre kleinen, rundlichen Arme um meinen Hals, und ich stürze ins Bad. Es fühlte sich so an, als würde ich nie wieder aus diesem Loch herauskommen, nie wieder das Licht der Welt erblicken. Mein Körper ist ein Spielball des wachsenden Embryos. Mit jeder Zellteilung wird er stärker und ich schwächer.

Es gibt eine Gruppe von Pilzen, die die Kontrolle über den Körper ihres Wirtsinsekts übernehmen. Sie heißen Cordyceps, gehören zu den Schlauchpilzen und parasitieren Gliederfüßler. Die Sporen infizieren ein Insekt, zum Beispiel die Raupe eines Schmetterlings, und fressen die Larve langsam von innen auf. Sie leben vom Körper der Larve, während die Larve selbst noch am Leben ist. Sie steuern dabei das Hirn der Larve, sodass diese sich irgendwo verkriecht, wo der Pilz gute Lebensbedingungen hat. Manchmal gräbt die Larve sich in die Erde ein, andere Male kriecht sie auf ein Blatt. Wenn sie stirbt, ist sie nur noch eine Hülle voller Pilze. Der Pilz zersetzt daraufhin seinen Wirt, bildet eine Keule, die aus dem Larvenkopf wächst, und verbreitet seine Sporen, die ihrerseits neue Larven infizieren.[1] Ich werde von einem Embryo dirigiert, der irgendwann aus mir rauswill. Nicht aus meinem Kopf, sondern durch meine Scheide, und ich werde nicht aufgefressen, auch wenn es sich im Augenblick so anfühlt.

Ich bekomme eine SMS von einer Freundin. Wie üblich will sie mit mir ins Studio. Ich antworte ihr, dass ich nicht kann, und weihe sie in die Geheimnisse über meinen Parasiten ein. Sie erzählt mir, dass auch sie schwanger ist, wenn auch ein paar Wochen weiter als ich. Sie hat sich nie besser gefühlt, geht zum Training, arbeitet und sagt, dass ihre Haut förmlich glänzt. Ich freue mich für sie, schaffe es aber nicht, noch mal zu antworten. Ich fühle mich so einsam. Ich freue mich wirklich über diese Schwangerschaft, muss aber gleichzeitig diese grausame Übelkeit überstehen. Ich konzentriere mich darauf, hier im Dunkeln zu liegen, habe nicht die Kraft, ihr zu gratulieren.

Noch könnte ich das Kind auch abtreiben lassen, meinen Körper zurückfordern und mir die gewaltige Arbeit ersparen, die vor mir liegt. In Norwegen darf man bis zur zwölften Woche abtreiben. Frauen haben sich das Recht erkämpft, über ihren eigenen Körper zu bestimmen, auch wenn er von einem Embryo mitbewohnt wird. Aber dieses Mal will ich das Kind, es fühlt sich wichtiger als mein eigenes Wohlergehen in den nächsten Monaten an. Ich will spüren, wie das Baby auf meinem Bauch liegt, es halten und an die Brust legen. Ich will es vor der Welt beschützen, ja, ich will dieses Kind mehr als alles andere. Ich biete meinen Körper diesem kleinen Geschöpf, es darf ihn die nächsten Monate übernehmen, auch wenn seine Entscheidungen dazu führen, dass ich im Bett bleiben muss.

Warum will ich das eigentlich? Ich kann mir durchaus ein Leben ohne durchwachte Nächte, vollgeschissene Windeln und morgendliches Geschrei vorstellen. Ich liebe es, ungestört mit anderen Erwachsenen zu reden, in Frieden Zeitung zu lesen und mich meinen Hobbys zu widmen. Genau wie viele andere. Einige von uns bekommen Kinder, andere entscheiden sich dagegen, wieder andere können keine Kinder bekommen und leiden sehr darunter. Die Frage lautet vielleicht weniger, warum ausgerechnet ich ein Kind will, sondern was die Evolution eigentlich ist. Das Kinderkriegen ist nicht für jeden von uns der ultimative Sinn des Lebens. Trotzdem bekommen wir sie.

Wirklich allen Arten ist die eigentliche, evolutionäre Triebkraft gemein, dass sie ihre Gene weitergeben wollen. Die Reproduktion ist die Währung der Evolution.[2] Würde nicht jedes Individuum davon angetrieben werden zu überleben, zu fressen, statt gefressen zu werden, um sich danach reproduzieren zu können, würden wir nicht existieren. Von der Ursuppe bis zur Gegenwart haben sich all unsere Ahnen – vom ersten Einzeller vor mehr als 3,5 Milliarden Jahren über die Geschöpfe, die das Meer verließen, bis hin zu den ersten aufrecht laufenden Wesen – reproduziert. Der Körper ist ein Produkt all jener, die ihre Gene weitergegeben haben.

Aber nur weil alle Ahnen, also Eltern, Großeltern, Urgroßeltern, ja all die Wesen im Laufe der Evolution überlebt und sich reproduziert haben, heißt das nicht, dass man das auch tun muss. Unzählige Individuen sind gestorben, ohne ihre Gene weiterzugeben, sei es durch Zufall oder weil die Genvariante, die sie abbekommen haben, eine leichtere Beute für den Tod war. Die Evolution hat uns Menschen ein Hirn geschenkt, das es uns erlaubt, ein Fragezeichen hinter die Reproduktion zu setzen und andere Dinge zu priorisieren.

Die Evolution folgt keinem bestimmten Gedanken. Sie ist keine Kraft, sie wird nicht gesteuert und sie hat auch keine Richtung. Dank Evolution ändern Populationen sich genetisch, was über die Zeit zu neuen Arten führen kann. Dies geschieht über natürliche Auslese.[3] Einige Individuen überleben und bekommen mehr Nachwuchs als andere, weil sie besser an ihren Lebensraum angepasst sind als Individuen mit anderen Genvarianten.

Tickt da im Hintergrund ein biologisches Uhrwerk? Habe ich deshalb das Gefühl, dieses Kind haben zu müssen, oder sagt mir die Gesellschaft um mich herum, dass zwei Kinder besser als eins sind und meine Dreijährige ein Geschwisterchen braucht? Und welchen Einfluss hat der Wohlfahrtsstaat mit seinem Versprechen auf einen günstigen Kindergartenplatz? Macht das Graue Riesenkänguru sich Gedanken darüber, ob es noch einmal Nachwuchs bekommen oder besser warten soll? Fragt die Seenelke sich, wie es in Zukunft mit ihren Klonen aussieht? Hätte die Eiderente lieber etwas anderes gemacht? Hat die Schnabeltiermama ein Hobby, dem sie viel lieber nachgehen würde, statt ihre Eier auszubrüten? Konnte sie dem hübschen Kerl einfach nicht widerstehen und wurde dann schwanger? Bereut sie es?

Woche 8

Der Pazifische Riesenkrake *(Enteroctopus dofleini)* liegt still am Boden seiner Höhle. Es ist ein Weibchen, das seine Eier an die Decke der Höhle geheftet hat, wo sie in großen Trauben hängen. Insgesamt sind es sicher mehr als hunderttausend. Das Weibchen misst vier Meter vom Ende der einen Tentakel bis zu dem einer anderen. Als es vor acht Wochen in die Höhle geschwommen ist, wog es 50 Kilogramm. Seither hat das Weibchen weder Nahrung zu sich genommen noch sich bewegt. Es hat lediglich auf seine Eier aufgepasst. Es tut dies, indem es aus seinem großen Siphon, der ihm normalerweise als Antrieb dient, Wasser über die Eier strömen lässt und sie so mit Sauerstoff versorgt. Außerdem kann es so verhindern, dass sich Algen oder Parasiten festsetzen. Hin und wieder streicht das Weibchen mit seinen sensiblen Saugnäpfen über die Eier, damit auch jene am Rand der Höhle frisches Wasser bekommen. Während das Weibchen seine Eier bewacht, hungert es sich langsam zu Tode. Die Jungen schlüpfen nach vier bis fünf Monaten, abhängig von der Wassertemperatur.[1] Spürt das Weibchen den Hunger? Protestiert das Verdauungssystem gegen die fehlende Nahrung?

Ich liege in meiner eigenen, dunklen Schlafzimmerhöhle. Bin ein Krake, dessen einziges Ziel es ist, seinen Nachkommen zu bewachen, den Embryo in mir. Ich erbreche mich, um sicherzustellen, dass keine Parasiten in die Nähe meines Eis kommen, ich streichle mit den Händen vorsichtig über meinen Bauch. Ich werde hier noch lange liegen.

Ich sollte mich freuen, dass ein neuer Mensch in meinem Bauch heranwächst, sollte dankbar sein, dass bis jetzt alles gut gegangen ist, aber es gelingt mir nicht. Übelkeit ist nicht wie ein schmerzender Fuß, den man ignorieren oder mit Schmerzmitteln betäuben kann. Die Übelkeit macht alles, was ich zu tun versuche, kaputt. Was ich auch unternehme, sie verschwindet nicht. Ich kann nicht denken, wenn mir übel ist, kann mich nicht um meine Dreijährige kümmern, wenn ich mich erbreche, ja ich kann nicht einmal mit meinem Partner reden, wenn ich jeden Moment damit rechne, dass mein Magen sich wieder umdreht. Das Einzige, was ich kann, ist still daliegen und hoffen, dass es irgendwann vorbei ist.

Woche 9

Als Kind hatte ich Meerschweinchen *(Cavia porcellus)*. Es war nicht geplant, dass sie Nachwuchs bekommen, schließlich hatten wir zwei Weibchen gekauft. Aber Pernille mit dem braun-weißen, strubbeligen Pelz stellte sich als Männchen heraus und wurde schließlich in Pernix umgetauft. Als wir dies bemerkten, war es allerdings schon zu spät, und von da an fühlte es sich wie eine Ewigkeit an, bis das Meerschweinchenweibchen endlich seine Jungen bekam. Es wurde langsam dicker, sein Bauch wurde riesig, und statt zu laufen, watschelte es nur noch im Käfig herum. Verglichen mit meiner Schwangerschaft fühlen sich die neun Wochen Tragezeit der Meerschweinchen mittlerweile nicht mehr lang an. Mir sieht man meine Schwangerschaft noch nicht an, während das Meerschweinchen nach neun Wochen eine ganze Schar voll entwickelter Junge zur Welt bringt. Eine Stunde nach der Geburt sind die Jungen voll in der Lage, vor möglichen Gefahren zu fliehen. Sie werden mit Pelz, offenen Augen und kleinen haarlosen Ohren geboren, und auch wenn sie noch ein paar Wochen gestillt werden, sind sie bereits in der Lage, normale Nahrung aufzunehmen.

Mein kleiner Embryo, der von nun an als Fötus bezeichnet wird, ist erst ein paar Gramm schwer. Er wächst aber schnell, am Anfang der Woche ist er zwei Zentimeter groß, am Ende drei. Das Herz klopft, die Ohren bilden sich aus, die Augenlider sind aber noch verwachsen. Die Kiemen verschwinden und werden umgebildet zu den Strukturen im Inneren unserer Ohren. Er kann nicht selbst

Nahrung aufnehmen, kommt nicht allein zurecht. Noch für lange Monate ist der Fötus voll und ganz von mir abhängig.[1]

Das Meerschweinchenweibchen kann sich direkt nach der Geburt erneut paaren und neun Wochen später den nächsten Wurf haben. Für mich fühlt es sich vollkommen absurd an, direkt nach der Geburt Sex zu haben. Das Einzige, was ich nach meiner letzten Geburt wollte, war, ohne Katheter zu pinkeln, vom Stuhl aufstehen zu können, ohne das Gefühl zu haben, dass mir die Gebärmutter durch den Geburtskanal rutscht, und mich um mein Baby zu kümmern. Ich wollte bis zum nächsten Stillen überleben, bis zur nächsten Dusche, bis ich endlich wieder ins Bett gehen und schlafen konnte.

Obwohl Meerschweinchen winzig sind und auf vier Beinen laufen, während wir als große, starke Zweibeiner unsere Wege gehen, sind unsere Skelette auf dieselbe Weise aufgebaut. Wir haben in etwa dieselben Knochen an denselben Stellen. Beide haben wir Rippen, Schulterblätter, Rückgrat und Becken. Die Beckenknochen bilden einen Ring zwischen den Hinterbeinen, und diese Strukturen finden sich bei allen Arten, die von einer vierbeinigen Urmutter abstammen. Bevor die Meerschweinchenmama schwanger wird und auch noch zu Beginn ihrer Schwangerschaft, misst ihre Beckenöffnung elf Millimeter im Durchmesser. Der Kopf eines neugeborenen Meerschweinchens hat einen Durchmesser von 20 Millimetern und braucht damit fast doppelt so viel Platz, wie zur Verfügung steht. Das Becken des Muttertieres muss sich also verändern, damit die Jungen geboren werden können. Einen anderen Weg gibt es nicht. Sowohl unser menschliches Becken als auch das der Meerschweinchen schließt sich auf der Vorderseite des Körpers in der Schambeinfuge. Die beiden Beckenhälften sind mit Faserknorpeln verbunden. Zwei Bandzüge halten die Symphyse zusätzlich zusammen. Während der Tragezeit weitet sich an dieser Stelle das Becken des Meerschweinchens auf bis zu 23 Millimeter. Verantwortlich für diese Weitung sind dieselben Hormone, die sich auch bei uns

Menschen ausbilden, aber während bei mir diese Faserknorpelverbindung nur etwas flexibler wird, teils verbunden mit starken Schmerzen, verdoppelt sich der Durchmesser der Beckenöffnung des Meerschweinchens. Geschieht dies nicht, können die Jungen nicht geboren werden.[2]

Aber auch dieses Mal geht alles gut, und die Jungen kommen quicklebendig auf die Welt. Anschließend müssen sich Bauchhaut und Becken des Meerschweinchenweibchens wieder zusammenziehen, während mein Becken sich noch überhaupt nicht verändert hat. Mein Fötus hat jetzt die Größe einer Olive, mein Bauch ist noch nicht gewachsen, und ich liege noch immer mit geschlossenen Augen im Bett, um das Risiko, mich erbrechen zu müssen, zu minimieren. Mein Handy ist meine Nabelschnur zur Welt.

In der Antarktis bebrüten die Kaiserpinguinmännchen das Ei jetzt seit neun Wochen bei Schneestürmen und in beißender Kälte. Die Männchen der großen Kolonie stehen eng beisammen, um sich gegenseitig vor der Kälte zu schützen, wobei abwechselnd immer jemand anderes ganz außen stehen und mit dem Rücken den Wind abschirmen muss. Eier, die von den Füßen ihrer Väter rutschen, kriegen durch die Kälte sehr schnell Sprünge, was für die kleinen Vogelföten tödlich ist. Unser Männchen hat es bis jetzt ohne jeden Unfall geschafft, sodass das Junge vor wenigen Tagen geschlüpft ist. Er füttert es mit einer milchartigen Substanz, die das Männchen in seinem Magen bildet. Das Männchen ist am Ende der Brutzeit vollkommen ausgehungert und hat irgendwann weder Nahrung für sich noch für das Junge übrig. Jetzt sind die Mütter gefragt, die sich fortan mit dem Bauch voller Krill und Fisch um die Jungen kümmern müssen. Zum Glück kommen sie wirklich zurück, sie haben Seeleoparden und Orcas überlebt und sind nicht auf die Idee gekommen, sich selbst zu verwirklichen, statt ein Junges großzuziehen.

Die Männchen wandern jetzt zurück zum Wasser, um endlich wieder Nahrung aufnehmen zu können. Zu diesem Zeitpunkt haben sie die Hälfte ihres Körpergewichts eingebüßt. In drei bis vier Wochen werden sie zurückkommen und die Weibchen wieder ablösen, und so geht es weiter, bis die Küken allein zurechtkommen. Von der Eiablage bis zu diesem Moment vergehen etwa sechs Monate.[3]

Mich kann niemand beim Brüten ablösen, das geht erst, wenn mein Junges geschlüpft ist. Ab dann sind wir beide gefordert, mein Partner und ich werden abwechselnd wiegen, trösten und tragen, mit unseren Kindern spielen, ihnen etwas beibringen, Nahrung und Kleider besorgen und wachsam zusehen, wie sie langsam größer und selbstständiger werden. Und irgendwann werden sie dann aus dem Haus gehen und ihr eigenes Leben leben. Und wir werden warten, bis sie zurückkommen, weil nun plötzlich wir die Hilfsbedürftigen sind.

Woche 10

Kiwis sind anders als andere Vögel. Sie können nicht fliegen, ihre Federn sind haarähnlich und sie laufen nach vorne gebeugt, da sie das Gewicht von Vorderkörper und Schnabel nach unten zieht. Es sieht ständig so aus, als würden sie nach vorn kippen. Die großen Füße mit den langen Zehen und Klauen geben ihnen aber Halt, sie fallen nicht. Kiwis können nicht fliegen, sie leben auf dem Boden Neuseelands. Als sie sich entwickelten, gab es keine natürlichen Feinde, weshalb Flügel unnötig waren. Die Nasenlöcher dieser Vögel sind fast an der Spitze des Schnabels und leiten die nachtaktiven Tiere auf der Suche nach Würmern und Insekten im Regenwald. Kiwis sind meistens monogam, sie leben in Paaren zusammen. Beim Zwergkiwi *(Abteryx owenii)* sind schon Paare beobachtet worden, die zehn Jahre lang zusammen waren. Diese für Kiwis recht kleine, bis zu einem Kilo schwere Art ist nur an wenigen Stellen Neuseelands zu finden.

Um zu zeigen, dass sie zusammengehören, tanzen Männchen und Weibchen umeinander herum, wobei ihre Schnäbel zueinander zeigen. Sie kreuzen sie, nicken in Richtung Boden und drehen weitere Kreise umeinander. Diese wiederkehrende Balz kann an die zwanzig Minuten dauern. Sie tanzen, um ihre Bindung zu stärken und zu bestätigen, dass sie ein Paar sind, genau wie mein Partner mir zu verstehen gibt, dass er bei mir bleiben und auf mich aufpassen wird, wenn er mir morgens getoastetes Brot mit Käse in mein dunkles Zimmer bringt, während mein Körper ihm Nachwuchs schenkt.

Wenn das Zwergkiwipaar sich vermehren will, gräbt das Männchen ein Loch in den Boden, in das das Weibchen sein großes Ei legen kann. Das Ei eines Zwergkiwis wiegt bis zu einem Viertel des eigenen Gewichts. Das Kiwiweibchen gibt seinem Nachwuchs reichlich zu essen mit. Das Ei besteht zu sechzig Prozent aus Eidotter, viel mehr als bei allen anderen Vögeln.[1] Der kleine Fötus braucht das Eigelb, er wird lange in der Schale bleiben, bis er groß genug ist, ohne den Schutz der Kalkwände zu leben.

Das Kiwiweibchen hat viel gegeben, um das Ei zu legen, und extra Nahrung zu sich genommen, um das nahrhafte Eigelb zu produzieren. Ein Kiwiweibchen braucht dreißig Tage, um das Ei im Körper zu entwickeln, aber diese Zeit wird nicht einmal mitgerechnet, wenn von der außergewöhnlich langen Brutzeit die Rede ist, bis ein Kiwiküken auf die Welt kommt. Nach der Eiablage dauert es zehn lange Wochen, bis das Küken endlich schlüpft. Verglichen mit den meisten anderen Vögeln ist das sehr lang. Dass die Zeit der Eiproduktion nicht mitgerechnet wird, obwohl diese vier Wochen dauert und das Weibchen in dieser Zeit dreimal so viel Nahrung wie sonst zu sich nehmen muss, liegt vermutlich daran, dass man schwer beurteilen kann, wie weit die Eireifung fortgeschritten ist, ohne eine Reihe weiblicher Tiere dafür aufzuschneiden. Was bei bedrohten Arten kein sinnvolles Vorgehen wäre. Vielleicht liegt es aber auch daran, dass Ornithologen traditionell Männer waren. Ein Ei im Bauch zu haben, wurde als so gewöhnlich angesehen, dass man es nicht berücksichtigen musste, wenn es um die Frage nach dem reproduktiven Einsatz geht.

Kurz bevor das Weibchen das Ei legt, ist es der totalen Erschöpfung nahe. Sein Bauch hängt so tief, dass er die Erde berührt, und es muss ziemlich breitbeinig laufen, um die Last überhaupt noch tragen zu können. Es sind schon Kiwiweibchen beobachtet worden, die sich in kaltem Wasser ausgeruht haben, vielleicht um die Schmerzen der gespannten Bauchhaut zu lindern und Körper und Muskeln durch den Auftrieb zu entlasten. In den letzten Tagen vor der Eiablage (der Geburt), schafft sie es nicht mehr, Nahrung aufzunehmen. Das Ei nimmt in ihrem Inneren so viel Raum ein, dass kein Platz mehr für Nahrung ist.[2]

Das Zwergkiwijunge schlüpft wie gesagt nicht direkt nach der Eiablage. Seine Zeitrechnung beginnt erst, nachdem seine Mutter ihre Schwerstarbeit verrichtet hat. Bei vielen Kiwiarten teilen die Elterntiere sich das Brutgeschäft, nicht so beim Zwergkiwi. Bei dieser Art brütet ausschließlich das Männchen. Es sitzt zehn Wochen lang auf den Eiern und wird von uns Menschen als extrem aufopfernder Vater angesehen, während das Weibchen nur wenig Lob bekommt, obwohl es ein Ei gelegt hat, das ein Viertel ihres Körpergewichts wiegt. Das Weibchen bleibt in der Nähe und passt auf, während das Männchen brütet. Die beiden sind schließlich ein Paar und wollen noch viele Jahre zusammenbleiben. Hat das Weibchen nach der Eiablage Risse in der Kloake? Fühlt es sich danach so, als müssten seine Organe sich neu sortieren?

Um das enorme Ei tragen und dann legen zu können, haben Kiwis ein stark gebeugtes Becken, einen steifen Schwanz und vergrößerte Rippen. Das für einen Vogel ungewöhnliche Becken führt dazu, dass das Weibchen das Ei unter sich tragen kann und das Becken nicht die Größe des Eis limitiert. Kiwis laufen auf eine spezielle Art. Sie erhöhen nicht die Schrittfrequenz, wenn sie schneller laufen wollen, sie machen größere Schritte. Der seltsame Gang ist vermutlich eine Art evolutionärer Kompromiss, um laufen und auch dieses riesige Ei tragen zu können.[3]

Das Männchen verlässt jeden Tag das Nest, um fressen zu können. Manchmal deckt es die Bruthöhle dabei mit Zweigen und Blättern zu, andere Male nicht. Vor der europäischen Invasion war das nicht so wichtig, und manche Tiere haben noch nicht verstanden, dass sich dies geändert hat. Früher hatten die Kiwis keine Feinde, sie konnten in den Wäldern herumstreifen ohne die Gefahr, gefressen zu werden, und sie konnten ihre Nester verlassen, ohne bestohlen zu werden. Dann kamen die Europäer mit Katzen und

Hunden und anderen Tieren, und jetzt sind sowohl das Männchen als auch das Weibchen und das Ei in Gefahr.

Wenn das Kiwijunge endlich schlüpfen will, muss es die Eierschale mit den Füßen aufbrechen, da es keinen Eizahn wie andere Vögel hat. Das Junge ist voll entwickelt, mit seinem struppigen, haarähnlichen Gefieder sieht es gleich wie ein kleiner Erwachsener aus. Es hat noch große Mengen des Eidotters im Magen und kommt einige Wochen damit aus, bevor es selbst fressen muss. Das Junge wird von den Elterntieren nicht gefüttert, obwohl es noch eine ganze Weile in der Nähe des Nestes bleibt, bevor es sich ein eigenes Revier sucht. Nach fünf bis sechs Tagen verlässt das Junge zum ersten Mal die Höhle, und nach zwei bis drei Wochen ist es vollkommen unabhängig von den Eltern.[4]

Es bleibt die Frage, warum das Ei des Kiwis so groß ist, dass das Weibchen es zum Schluss der Entwicklung kaum noch tragen kann. Kann sie es nicht einfach etwas früher legen, wie das andere Vögel machen? Vermutlich wartet das Weibchen, bis das Ei so groß ist, weil das Junge dann allein zurechtkommt, sobald es geschlüpft ist. Es hat Federn und kann laufen, und sein Magen ist noch voll mit Eidotter, der ihm Energie für viele Tage gibt. Früher musste der Kiwi keine am Boden lebenden Raubtiere fürchten, die größte Bedrohung waren andere Vögel, die Lust auf kleine, hilflose Küken haben.[5] Zeit zu investieren, um ein überlegen großes Ei zu produzieren und auszubrüten, das niemand fressen kann, und ein Küken zu haben, das allein zurechtkommt, sobald es geschlüpft ist, macht dann Sinn. Zumindest bis zu dem Zeitpunkt, an dem neue Raubtiere auftauchen, die sich an den verwirrten Kiwis laben. Die Evolution hat mit dieser Art von Angriff nicht gerechnet.

Auch die Kakerlakenart *Diploptera punctata*, die auf Hawaii und anderen Pazifikinseln lebt, bringt nach zehn Wochen ihre Jungen zur Welt. Das kleine, braune Weibchen gebiert neun bis vierzehn lebende, kleine Nymphen, die noch einige Entwicklungsstadien durchlaufen müssen, ehe sie ausgewachsen sind. Es bleibt ihnen erspart, als ungeschützte Eier Gefahr zu laufen, von Räubern gefressen zu werden, weil sie sich im Körper ihrer Mutter entwickelt und dort Nahrung bekommen haben. Die Mutter hat den kleinen, in der Brutkammer heranwachsenden Wesen eine Art Milch gegeben, die reich an Kohlenhydraten und Proteinen ist. Sie wachsen im Muttertier heran, das schlechter laufen kann, je größer die Nymphen werden. Die Mutter muss in dieser Zeit auch mehr Nahrung zu sich nehmen, um die heranwachsenden Nymphen füttern zu können.[6] Sie zahlt diesen Preis, um sie mit ihrem eigenen Körper zu schützen, statt wie andere Insekten Eier zu legen. Wir sitzen alle im selben Boot.

Weit von mir, weit von den Kiwis und weit von den Kakerlaken entfernt, kriechen die Jungen des Darwin-Nasenfrosches *(Rhinoderma darwinii)* in den Regenwäldern an der Westküste des südlichen Teils von Südamerika endlich aus dem Brutbeutel ihres Vaters.[7] Nachdem das braungrüne Weibchen mit der spitzen Nase ihre Eier auf den feuchten Boden gelegt hat, hat das Männchen sie befruchtet und sie dann zwanzig Tage lang bewacht. Erst wenn die Eier sich zu bewegen beginnen, nimmt das Männchen sie mit dem Mund auf und schiebt sie in den Brutbeutel, einen Auswuchs am Hals, mit dem es normalerweise quakt. Hier schlüpfen die Jungen. Die kleinen Kaulquappen bleiben mehr als fünfzig Tage in dem Beutel. Sie leben von ihrem Dottersack, bekommen zusätzlich aber auch noch Nahrung vom Vater, die er an der Wand des Brutbeutels produziert. Die Jungen wachsen zu kleinen Fröschen heran, verlieren Schwanz und Kiemen und entwickeln Beine und Lungen. Jetzt sind auch sie bereit, den Körper ihrer Eltern zu verlassen, und das Männchen bekommt den Beutel zurück, mit dem es jetzt wieder quaken kann, um neue Weibchen anzulocken.[8]

Woche 11

Wanderalbatrosse *(Diomedea exulans)* gehören zu den Vogelarten, die am längsten brüten. Der große Seevogel mit der enormen Spannweite von über drei Metern – die größte Spannweite bei heute lebenden Vögeln – sitzt ganze elf Wochen auf dem gut zehn Zentimeter langen Ei, bis das Junge endlich schlüpft. Der Wanderalbatros legt nur jedes zweite Jahr ein Ei, denn es dauert ein ganzes Jahr, ein Junges zu füttern und aufzuziehen, bis dieses bereit ist, selbst zu fliegen. Die Arbeit leisten beide Elterntiere, die lebenslang in einer monogamen Partnerschaft zusammenbleiben.[1] Das Ei bricht jetzt auf und zum Vorschein kommt ein Junges mit langen Flügeln, das gleich wieder gut geschützt unter dem Bauch von Mama oder Papa verschwindet.

Ich bin mittlerweile in der elften Woche, doch bei mir wird es noch lange dauern, bis mein Nachwuchs sein Köpfchen zeigen wird. Die Übelkeit kommt und geht, ich erbreche mich und liege noch immer in meinem verdunkelten Zimmer. Wenn meine Dreijährige am Nachmittag zu mir kommt, riecht sie nach Herbst. Sie drückt ihre kalten Wangen an meine heiße, verschwitzte Haut. Ich verfluche meine Eierstöcke, die mich jetzt schon so lange ans Bett fesseln. Warum bin ich es, die dieses Kind austragen muss, warum habe ich diese Gebärmutter?

In mir wächst ein kleiner Mensch heran. Es ist ein Junge mit Hoden statt Eierstöcken. Gegen Ende der Woche werde ich die erste Ultraschalluntersuchung haben, dann könnte man das theoretisch sehen, es wird aber noch Wochen dauern, bis wir Gewissheit haben.

Die modernen Menschen neigen dazu, einander in zwei große Gruppen einzuteilen, Frauen und Männer, basierend auf den Geschlechtsorganen und den unterschiedlich großen Keimzellen. So war es nicht immer. Historisch gesehen gibt es viele Beispiele für menschliche Gemeinschaften, in denen die Geschlechter nicht in zwei starre separate Gruppen eingeteilt waren, eher ging man von gleitenden Übergängen oder von deutlich mehr Kategorien aus.[2] Kaum, dass ich das Geschlecht meines Babys erfahren habe, stelle ich mir unweigerlich vor, wie es sein wird, wenn mein Kind größer wird. Im Umgang mit meiner Dreijährigen versuche ich, so gut es nur geht, mich nicht von ihrem Geschlecht beeinflussen zu lassen, aber in einer Gesellschaft, in der Kinder Hellblau oder Rosa tragen, je nachdem wie ihre Geschlechtsteile aussehen, ist das nicht so einfach. Was ist eigentlich Geschlecht, und welche Bedeutung hat es für die Frage, wer wir sind? Gibt es einen biologischen Grund für unseren Drang, Menschen entsprechend ihren Geschlechtsorganen einzuteilen, oder haben wir das als Teil unserer Kultur einfach angenommen? Wäre es nicht einfacher, wir wären Hermaphroditen und könnten sowohl Eier als auch Spermien erzeugen, oder wir hätten mehr als 23 000 Paarungstypen[3] wie der Gemeine Spaltblättling *(Schizophyllum commune)*?

Geschlechter prägten sich erstmals bei dem letzten gemeinsamen Urahnen aller Organismen mit Zellkernen (also Pilze, Pflanzen und Tiere[4]) vor rund zwei Milliarden Jahren aus.[5] Die ersten Keimzellen waren vermutlich gleich groß. Langsam und über viele Generationen hinweg veränderte sich dann ihre Größe. Es ist davon auszugehen, dass diese Veränderung zu Beginn zufällig und geringfügig war. Vielleicht produzierten einige Individuen Keimzellen, die etwas größer als die der anderen waren. Diese etwas größeren Zellen gaben den Nachkommen mehr Nahrung mit auf den Weg. Ein Vorteil gegenüber den anderen, der sich im evolutionären

Prozess niederschlug. Aber nicht alle Keimzellen wurden größer, andere entwickelten etwas kleinere Zellen, was langfristig dazu führte, dass diese Organismen mehr Zellen als ihre Konkurrenten produzieren konnten.[6] Damit gab es einen Wettlauf um möglichst große und kleine Keimzellen. Der daraus resultierende Vorteil war so groß, dass es bald keine Organismen mit gleich großen Keimzellen mehr gab.

Auf diese Weise entstanden schließlich die unterschiedlichen Geschlechter. Weibchen produzieren wenige große Eizellen und Männchen eine Unzahl kleiner Spermien. In der Regel ist dies, was wir unter biologischen Geschlechtern verstehen.

Die beiden unterschiedlichen Strategien bei der Produktion der Keimzellen haben sich auch in der Evolution niedergeschlagen. Bei den meisten Arten ist schon äußerlich zu erkennen, um welches Geschlecht es sich handelt. Seziert man die Tiere, erkennt man es auf jeden Fall. Der evolutionäre Effekt zeigt sich aber nicht nur im Aussehen. Traditionell ging man lange davon aus, dass auch das Verhalten der Tiere entsprechend beeinflusst wird. Weibchen, die gegenüber den vielen Spermien der Männchen ja nur wenige, große Eier produzieren, investieren dieser Annahme nach deutlich mehr in den reproduktiven Prozess und bringen deshalb auch eine größere Bereitschaft mit, sich um die Eier zu kümmern, die bereits da sind. Weibchen von Arten, die ihre Eier nicht einfach nur ins Wasser entlassen, sollten demnach mehr Fürsorge für ihren Nachwuchs zeigen als Männchen. Je größer die Eier und der damit verbundene Einsatz, umso größer die Bereitschaft, sich um die Jungen zu kümmern, sie auszubrüten, zu füttern und zu lehren. Männchen hingegen sollten davon besessen sein, ihre zahlreichen Spermien so weit wie möglich zu streuen, weshalb der Konkurrenzkampf mit anderen Männchen im Vordergrund steht. Weibchen paaren sich nach dieser Theorie nur mit einem Männchen, während die Männchen sich mit mehreren Weibchen paaren. Diese Verhaltensdeutung auf Basis der unterschiedlichen Größe der Keimzellen verfolgt uns, seit wir wissen, wie die Reproduktion vonstattengeht, und sie bildet auch noch heute die Grundlage für unser Geschlechterverständnis, ja sogar dafür, wie wir Jungen und Mädchen kleiden.[7] Betrachten wir die Sache genauer, bricht diese Theorie aber in sich zusammen.

Werfen wir einen Blick auf die Vögel. Weit verbreitet ist der Glaube, dass Vögel in der Regel monogam leben. Viele Vogelarten wurden gar als heteronormatives Superbeispiel herangezogen, als Bild für »echte Liebe«. In dem Buch *Bitch. A revolutionary guide to sex, evolution & the female animal* zeigt die Biologin Lucy Cooke, wie schwierig es ist, diesen Mythos auseinanderzunehmen. In einem Beispiel berichtet Patricia Gowarty, Professorin für Evolutionsbiologie, von dem Versuch, neue DNA-Technologie zu nutzen, um nachzuweisen, dass Vögel zwar sozial monogam sind, sexuell aber nicht. Neunzig Prozent der weiblichen Vögel paaren sich mit mehr als einem Männchen. Als Gowarty ihre Ergebnisse publizierte, gingen ihre männlichen Kollegen sofort davon aus, dass die Männchen der aktive Part dieser außerehelichen Eskapaden waren und sich den Weibchen aufgezwungen hatten. Sie waren überzeugt davon, dass die Weibchen ihrerseits kein Interesse daran hatten, sich mit anderen als ihren bestehenden Partnern zu paaren.

Cooke zeigt in ihrem Buch aber deutlich, dass diese Annahme falsch ist, da nur drei Prozent aller Vögel einen Penis haben. Bei penislosen Arten müssen Männchen und Weibchen aktiv zusammenarbeiten, damit die Befruchtung klappt. Sie müssen beide bereit sein, ihre Geschlechtsöffnungen zu öffnen und aufeinander zu bringen. Ein Vogelmännchen ohne Penis kann kein Weibchen zu irgendetwas zwingen. Legt man die Vorurteile beiseite, erkennt man schnell, dass es evolutionär betrachtet ein Vorteil für Männchen und Weibchen sein kann, sich mit unterschiedlichen Partnern zu paaren.[8] Es ist durchaus sinnvoll, dass die eigenen Nachkommen verschiedene Eltern haben, da einige davon weniger lebensfähige Gene haben könnten. Manche Arten profitieren auch davon, nicht alle Eier in dasselbe Nest zu legen. Das alles entdeckten die

Wissenschaftler aber erst, als sie anzunehmen bereit waren, dass die Welt vielleicht doch nicht so ist, wie sie glaubten. Sie mussten sich von dem herkömmlichen Glauben verabschieden, um erkennen zu können, was sich vor ihren Augen in der Natur abspielt.

Wir haben im Laufe der Geschichte nicht nur angenommen, dass Männchen der aktivere Part bei der Reproduktion sind, wir sind auch davon ausgegangen, dass es immer ein Weibchen und ein Männchen sind, die den Nachwuchs aufziehen. Bei vielen Arten erkennt man die unterschiedlichen Geschlechter leicht, andere sehen aber vollkommen gleich aus. Als die Wissenschaft begann, paarbildende Vögel zu untersuchen, bei denen die Geschlechter sich äußerlich nicht unterscheiden, zeigte es sich, dass es nicht ungewöhnlich ist, wenn zwei Männchen oder zwei Weibchen gemeinsam die Aufzucht übernehmen. Dokumentiert ist dies bei Königspinguinen, Laysanalbatrossen und Graugänsen. Sieht man genau hin, ist die Natur voller Arten, die nicht in das heteronormative Bild von Papa-Mama-Kind passen.[9]

Unsere Vorurteile über Geschlechter und unsere mangelnde Fähigkeit, uns Dinge vorzustellen, die nicht so sind, wie wir glauben, reichen in der Geschichte weit zurück. Zementiert wurden sie von Darwin mit seiner revolutionären Evolutionstheorie vor 160 Jahren. Sie haben unsere Vorstellung, wie Arten sich mit der Zeit verändern, geprägt. Darwin hat es geschafft, außerhalb der Box zu denken und etwas zu verstehen, was niemand vor ihm erklären konnte. Er hat die Welt mit ganz neuen Augen gesehen. Unser Wissen über die Evolution verdanken wir seinen Beobachtungen, als er mit der *HMA Beagle* in den 1830er-Jahren innerhalb von fünf Jahren die Welt umsegelte. 1859 publizierte er seine Theorie der natürlichen Selektion. Als er zehn Jahre später seine Hypothese über die sexuelle Selektion öffentlich machte – also was dazu führt, dass einige sich paaren, andere aber nicht –, schaffte er es allerdings nicht, aus der beengten Vorstellung über die Geschlechterrollen auszubrechen, mit der er selbst aufgewachsen war.

Darwin hat sich mit der Frage beschäftigt, warum die Geschlechter so verschieden sind. Warum hat das Pfauenmännchen *(Pavo spp.)* einen so großen Schwanz, während das Weibchen einfach nur langweilig aussieht? Seine Antwort lautete, dass die Männchen um die Gunst der Weibchen kämpfen und sich diese ein Männchen aussuchen würden. Die Weibchen tragen zur Selektion bei, indem sie bestimmte Züge favorisieren. Durch diese »*female choice*« werden seltsame Eigenschaften, wie die enormen Schwanzfedern der Pfauen, gefördert. Darwin war allerdings der Ansicht, dass die Evolution bei den Männchen geschieht – weil ja deren reproduktiver Erfolg variiert. Seiner Meinung nach paarten sich alle Weibchen, während der Erfolg der Männchen davon abhängig war, wie sie sich im Konkurrrenzkampf mit den anderen Männchen schlugen. Für ihn waren die Männchen diejenigen mit Konkurrenzinstinkt und Leidenschaft, während die Weibchen umworben werden mussten. Er nannte sie »*coy*«, womit in etwa eine Mischung aus schüchtern und kokett gemeint war. Für ihn lag die Evolution klar in der Hand der Männchen.

Tatkräftige Männer und schüchterne Frauen sind als Geschlechterrollen tief in der englischen viktorianischen Gesellschaft, in der Darwin gelebt hat, verwurzelt gewesen. Darwin wurde bei seiner Hypothese unterstützt von einer Reihe von weißen, männlichen Naturforschern, auch sie beschrieben die Männchen und Weibchen bestimmter Arten aus dieser Sicht. Erst als Frauen Biologie zu studieren begannen, schaffte es die Wissenschaft, einen offeneren Blick auf die Natur zu werfen.[10]

Es zeigte sich nämlich, dass es auch unter den Weibchen Konkurrenz gibt, sowohl was den Zugang zu Nahrung und anderen Ressourcen angeht als auch zu den Männchen. Ihr sozialer Status in der Gruppe und ihr Zugang zu Territorium und Nahrung hat Auswirkungen auf ihren reproduktiven Erfolg. Nicht nur die Männchen haben etwas, um das es sich zu kämpfen lohnt. Die Weibchen warten nicht darauf, dass das eine, beste Männchen sich mit ihnen paart. Um sicherzustellen, dass ihre Gene weiterleben, ist es für sie ratsam, sich mit mehreren zu paaren. Und auch die Männchen wollen sich nicht mit irgendeinem Weibchen paaren. Ihre Spermien stammen nicht aus einem nie versiegenden Brunnen, auch wenn es natürlich mehr Spermien als Eier gibt. Es ist sich leicht vorzustellen, dass es nicht so leicht ist, Millionen von Spermien gleichmäßig zwischen mehreren Weibchen aufzuteilen, außer vielleicht, man nimmt an einer Orgie teil und greift auf moderne Hilfsmittel zurück. Darüber hinaus gibt es durchaus Grenzen, wie oft ein Männchen Spermien abgeben kann, egal wie sehr die Pornoindustrie uns auch vom Gegenteil überzeugen will. Hinzu kommt, dass eine einfache Besamung ja nicht garantiert, dass daraus auch wirklich Nachwuchs resultiert.[11]

Aber sind es nicht tatsächlich die Weibchen, die die größte Fürsorge zeigen und mehr Zeit für Eier und Nachkommen aufwenden? Die Antwort lautet Ja und Nein. Welches Geschlecht nach der Paarung die Bürde auf sich nimmt, sich um den Nachwuchs zu kümmern, hängt von der Art ab. Generell leisten die Weibchen den Großteil der Arbeit, sieht man einmal von Fischen und Vögeln ab. Bei den Fischen gibt es mehr Arten, bei denen die Männchen sich allein um den Nachwuchs kümmern, als solche, bei denen beide oder nur die Weibchen beteiligt sind.[12] In einer großen Literaturstudie über Vögel kamen die Wissenschaftler zu dem Schluss, dass es keinen Zusammenhang gibt zwischen dem Aufwand, Keimzellen zu entwickeln, und der Intensität, mit der sich um die Brut gekümmert wird.[13]

Auch wenn die Weibchen vieler Tiergruppen mehr Energie für die Brutpflege aufwenden, wissen wir nicht, warum dies so ist. Die traditionelle Vorstellung, dass Weibchen schon so viel investiert haben und deshalb mehr zur Fürsorge neigen als Männchen, wird kritisiert, weil sich ja beide dem Konkurrenzkampf stellen müssen. Auch das Argument, dass das Weibchen, weil es für die Eizellen mehr Energie aufgewendet hat, einen größeren Verlust erleiden würde, sollte die Brut aufgeben, ist fragwürdig. Dies würde nämlich voraussetzen, dass die zurückliegende Investition in die Eizellen ihre zukünftigen Entscheidungen beeinflusst und nicht das, was im Augenblick am sinnvollsten erscheint. Man spricht hierbei vom »Concorde-Fehler«, benannt nach der Entscheidung der britischen und französischen Behörden, das Überschallflugzeug weiterzubauen, weil man schon so viel investiert hatte, obwohl zu diesem Zeitpunkt längst klar war, dass das Projekt ökonomisch nicht tragfähig sein würde.[14] Wenn ein Eiderentenweibchen seine Eier verlässt, verschwendet es all die Energie, die es bereits aufgewendet hat. Es entscheidet sich damit für sein eigenes Überleben, um in den kommenden Jahren noch weitere Bruten durchführen zu können. Würde es weiter in die Eier investieren, wie die britisch-französischen Behörden in die Concorde, könnte das mit dem Tod enden, und zwar nicht nur für die Eier, sondern auch für es selbst und damit auch für alle zukünftigen Nachkommen.

Geschlechter sind gut, denn sie schaffen Variation. Wenn die Seenelke sich selbst klont und ein neues Individuum aus ihr herauswächst, ist dieses Individuum mit dem Elterntier identisch. Ist etwas für das Elterntier tödlich, ist es das vermutlich für den Nachwuchs auch, da der Tod eine Konsequenz der genetischen Zusammensetzung der Seenelke ist. Mit der Entstehung der Geschlechter begannen die Individuen, ihre Gene zu mischen, woraus dann neue, einzigartige Individuen entstanden. Wir alle sind verschieden, weil wir einige Genvarianten von unseren Müttern und andere von unseren Vätern haben.

Die geschlechtliche Vermehrung hat Vorteile, wenn die Umgebung rund um die Individuen sich verändert, wie es ja oft der Fall ist. Wird das Klima wärmer, um nur ein Beispiel zu nennen, haben die besser an die Wärme angepassten Individuen einen Vorteil. Sie bekommen dann mehr Nachwuchs als diejenigen, deren genetische Zusammensetzung schlechter mit den höheren Temperaturen zurechtkommt. Arten mit geschlechtlicher Vermehrung können sich auf diese Weise mit der Zeit an Änderungen anpassen. Trotzdem sind die Kosten dafür hoch. Denn die werdenden Eltern müssen Zeit darauf verwenden, einander zu finden. Und sie bekommen nur halb so viel Nachwuchs, wenn sie sich diesen mit ihrem Partner »teilen« müssen. Auch Zeit, die für den Konkurrenzkampf aufgewendet wird, um sich paaren zu können, könnte effektiver genutzt werden, zum Beispiel für die Brutpflege. Eigentlich ist geschlechtliche Vermehrung damit Zeitvergeudung. Rein energetisch betrachtet, ist es ein biologisches Paradoxon, dass die geschlechtliche Vermehrung die dominierende Art der Reproduktion geworden ist, da ungeschlechtliche Vermehrung deutlich effizienter ist.[15]

Wasserflöhe *(Cladocera)* sind winzige Krebstiere, die kaum länger als fünf Millimeter werden. Sie leben im Süßwasser auf beinahe der gesamten Welt und fressen winzige Partikel, die sie mit ihren armähnlichen Tentakeln am Kopf aus dem Wasser filtern. Sind die Verhältnisse gut, legen sie mittels Parthenogenese Eier, ähnlich wie der Komodowaran. Die Eier, die ganz ohne die Mithilfe eines anderen Individuums zustandekommen, werden in einem Brutbeutel auf dem Rücken ausgebrütet. Unter guten Verhältnissen – lange sonnenreiche Tage, in denen Algen, die Lieblingsspeise der Wasserflöhe, sich gut entwickeln können – produziert das Weibchen eigenständig Nachwuchs. Ein Wasserflohweibchen versucht den See mit möglichst vielen seiner Nachkommen zu füllen, es verwendet keine Zeit für die aufwendige Partnersuche. Wenn die Tage kürzer und die Temperaturen niedriger werden und der See langsam überbevölkert wird oder die Nährstoffe zur Neige gehen, ändern die Wasserflöhe die Strategie. Plötzlich produziert das Weibchen Eier, die von einem Männchen befruchtet werden, jetzt setzt das Weibchen darauf, die Gene zu mischen.[16]

Experimente zeigen, dass Wasserflöhe, die von Parasiten befallen werden, eine höhere Überlebenschance haben, wenn sie die Nachkommen von zwei Elterntieren sind. Sie können Infektionen besser abwehren, während die Parasiten in den parthenogenetisch entstandenen Wasserflöhen deutlich schneller wachsen.[17] Ungeschlechtliche Vermehrung ist sinnvoll, wenn die Bedingungen gut sind, wenn es viel Essen und reichlich Platz gibt. Ändert die Umwelt sich aber, stehen all die exakt gleichen Individuen vor einem Problem.[18] Die *E. coli*-Bakterien mögen ja unendlich viele Nachkommen bekommen, während in mir nur ein einzelner Mensch heranwächst, aber trotzdem haben viele von uns ein Geschlecht. Es funktioniert.

Trotzdem muss ich einräumen, dass ich froh wäre, wenn mir diese Schwangerschaft erspart geblieben wäre. Wenn mein Partner mir die Bürde hätte abnehmen können und dieses Mal die Gebärmutter und nicht die Spermien gestellt hätte. So bin ich auch jetzt wieder der wandernde Inkubator eines parasitenartigen Fötus in meinem Inneren. Es wäre schön, wenn man sich auch diese Aufgabe teilen und sich mit dem Austragen abwechseln könnte.

Es gibt in der Natur eine Reihe von Arten mit beiden Geschlechtern im selben Körper. Entweder gleichzeitig, wie bei Schnecken und Würmern, oder in einer zeitlichen Abfolge wie bei einigen Fischarten. Bei dem durch Disney bekannt gewordenen Nemo, dem orange-weißen Clownfisch *(Amphiprion percula)*, gibt es ein System, in dem die Fische erst alle als Männchen geboren werden und der Geschlechtswechsel induziert wird, wenn das Weibchen des Schwarms verschwindet. Eines der Männchen wechselt dann das Geschlecht und wird zum Weibchen.[19] Gleichzeitig beide Geschlechter zu haben, ist ein Vorteil, wenn die Wahrscheinlichkeit, jemanden derselben Art zu treffen, gering ist. Man kann auf diese Weise sicherstellen, dass es zu einer Paarung kommen kann. Bei einigen Arten können die Individuen sich sogar mit sich selbst paaren, sollten sie keinen anderen Partner finden. Die geringe Wahrscheinlichkeit, einen Partner zu treffen, erklärt aber nicht alle hermaphroditischen Arten. Vertreten sind diese vor allem im Pflanzen-, aber eben auch im Tierreich.

Bei manchen Arten kämpfen die hermaphroditischen Arten miteinander, wenn sie sich begegnen. Sie versuchen sich gegenseitig mit ihrem Penis zu stechen, denn wer den ersten Treffer landet, bleibt ein Männchen. Der Gestochene verwandelt sich zum Weibchen, das sich bei diesen Arten intensiv um die Brutpflege kümmert. Bei anderen Artengruppen, wie den Regenwürmern, werden die Eier beider Tiere von den Spermien beider Tiere befruchtet und die Last verteilt.

Bei den sogenannten sequenziellen Hermaphroditen, die erst das eine Geschlecht und dann das andere ausbilden, ist es häufig ein Vorteil, dann das Geschlecht zu wechseln, wenn man eine gewisse Größe erreicht hat. Möglicherweise weil man erst dann in der Lage ist, viele, große Eier zu produzieren, oder endlich eine Chance bei den Weibchen hat.[20] Aber warum sind wir Säugetiere keine Hermaphroditen? Ja warum gibt es unter den Hermaphroditen überhaupt so wenige, einigermaßen komplexe Arten – sieht man einmal von ein paar Fischen ab? Ein Erklärungsansatz könnte sein, dass nicht nur das eigentliche Geschlechtsorgan für den Reproduktionserfolg verantwortlich ist. Wir müssen mit anderen konkurrieren, auf unterschiedlichste Weise in unsere Nachkommen investieren und selbst überleben, um uns vermehren zu können. Das Geschlecht im Laufe des Lebens zu wechseln, könnte da zu kostspielig sein. Vermutlich ist es besser, mit dem weiterzumachen, was man hat.

Zurück zu denen von uns, die nur ein Geschlecht haben und dazu verdammt sind, Eier zu legen oder Spermien zu produzieren. Es ist wie gesagt noch immer ein evolutionäres Rätsel, warum die Weibchen im Schnitt deutlich mehr Aufwand für die Pflege der Nachkommen aufwenden.[21] Einige Wissenschaftler versuchen sich an dem Ansatz, dass sexuelle Selektion, also derselbe Mechanismus, auf den sich schon Darwin fokussiert hatte, zu Unterschieden in der Pflege der Nachkommen führen kann. Ihre Hypothese lautet, dass es in der Tat häufiger die Männchen sind, bei denen die Auslese eine entscheidende Rolle spielt. Sie folgen damit weitgehend Darwins Gedankengut. Sexuelle Selektion bezieht sich auf all die Eigenschaften, die einen Einfluss darauf haben, bis zu welchem Grad ein Individuum sich reproduzieren und seine Gene weitergeben kann.[22] Nehmen wir die Schleppe des Pfaus als Beispiel, die eben schon einmal angesprochen wurde. Die Schwanzfedern sind so groß, dass die Tiere kaum mehr fliegen können, was dazu führt, dass die Männchen eine leichtere Beute für Raubtiere sind. Trotzdem haben die Weibchen sich über Generationen hinweg für Männchen mit großen, schönen Schleppen entschieden. Ein Grund mag sein, dass der prächtige Schwanz zeigt, dass das Männchen trotz dieser unnötigen Aufschneiderei überlebt hat. Ein Männchen mit einer großen Schleppe ist stark und durchaus in der Lage, Raubtieren zu entkommen. Die sexuelle Selektion der männlichen Eigenschaften hat aber auch Nachteile. Die Tiere müssen Energie für Eigenschaften aufwenden, die die Weibchen mögen, und diese Energie fehlt ihnen dann für die Brutpflege.

Wenn die sexuelle Selektion in der biologischen Theorie erklären können soll, warum die Weibchen die Fürsorglicheren sind, müssen dafür recht unterschiedliche Bedingungen erfüllt sein. Die theoretische Rechenaufgabe geht nämlich nur auf, wenn es kein Zufall ist, welche Männchen den größten Reproduktionserfolg haben, und es tatsächlich einen Zusammenhang zwischen den Eigenschaften gibt, in die sie investieren – zum Beispiel die Schwanzlänge des Pfaus –, und dem Fortpflanzungserfolg. Des Weiteren muss es für das Männchen schwierig sein zu wissen, welche Jungen die seinen sind, da die Weibchen sich mit mehreren Männchen paaren. Überdies müsste es deutlich mehr erwachsene Weibchen geben, weil die Männchen häufiger sterben, bevor sie ausgewachsen sind. Diese Bedingungen sind bei vielen Arten nicht erfüllt. Trotzdem sind es häufig die Weibchen, die sich um die Aufzucht kümmern, ohne dass wir wirklich verstehen, warum.[23]

Auch wir Menschen werden nach unserem Geschlecht in zwei Typen eingeteilt, je nachdem, ob wir große oder kleine Keimzellen produzieren. Die mit den großen Keimzellen sind die Frauen, die anderen die Männer. Bei jeder Begegnung teilt unser Hirn die Person vor uns den Kategorien Mann/Frau zu. Wir deuten, was wir sehen können – Haare, Kleidung, Körperhaltung –, und ziehen daraus den Schluss, ob die Person Eierstöcke oder Hoden hat. Dabei gibt es ganz andere Voraussetzungen für das biologische Geschlecht als nur die Frage nach den Keimzellen. David Crews, Psychologe und Professor der Zoologie, hat fünf unterschiedliche Eigenschaften aufgelistet, die beeinflussen, ob wir einen Organismus als Männchen oder Weibchen deuten: die Chromosomen, die Geschlechtsorgane, die im Körper produzierten Hormone, das Erscheinungsbild des Körpers und das Verhalten.[24] Nehmen wir die Chromosomen beim Menschen als Beispiel. Frauen haben zwei X-Chromosomen, Männer ein X- und ein Y-Chromosom. Es gibt aber bekannte Mutationen, die zum Beispiel dazu führen, dass man den männlichen Chromosomensatz XY, aber trotzdem weibliche Geschlechtsorgane hat. Oder dass man ein zusätzliches X-Chromosom hat, also XXY, und mit männlichen Geschlechtsorganen zusätzlich in der Pubertät Brüste entwickelt.

Ein bis zwei Prozent der Menschen haben weder die Kombination XY und männliche Geschlechtsorgane noch XX und weibliche Geschlechtsorgane.[25] Ein Prozent der norwegischen Bevölkerung entspricht 54 000 Personen und damit der Bevölkerung von Ålesund. In Deutschland wären das ungefähr 850 000 Menschen und damit mehr als die Bevölkerung von Frankfurt am Main. Hinzu kommen all die Menschen, bei denen zwar Chromosomen und Geschlecht zusammenpassen, deren Identität aber trotzdem nicht dem Geschlecht entspricht, das sie mit der Geburt, definiert über das Aussehen ihrer Geschlechtsorgane, bekommen haben.[26] Wenn wir von Geschlechtern reden, stellen wir es oft so dar, als hätte die Natur zwei separate Boxen für Männchen und Weibchen geschaffen. So einfach ist es aber nicht. Evolution bedeutet Variation sowohl zwischen als auch innerhalb der Arten. Gäbe es diese Variationen nicht, hätte die Evolution keinen Ansatzpunkt. Wir haben bestimmte Grundformen, bestimmte Vorstellungen, wie die Geschlechter und die unterschiedlichen Arten aussehen, aber diese Grundformen werden beständig herausgefordert. Genau das ist das Wesen der Evolution.

Die Begriffe »Weibchen« und »Männchen« beinhalten mehr als die Frage, welche Keimzellen die Individuen produzieren. Man denke nur an den Erklärungsansatz für das Verhalten von Vogelmännchen und -weibchen. Wir sehen das Geschlechtsorgan eines menschlichen Babys und stellen uns sofort vor, wie es sein wird, wenn dieser Mensch heranwächst. Sieht das Geschlechtsorgan so aus, als würde es große Keimzellen produzieren, sehen wir, ob wir es wollen oder nicht, ein dreijähriges Kind vor uns, dass es liebt, mit Puppen zu spielen, das Perlen auf eine Schnur aufzieht und andere feinmotorische Tätigkeiten liebt. Ein Kind, das kleineren gegenüber nett und fürsorglich ist. Sieht das Geschlechtsorgan so aus, als würde es kleine Keimzellen produzieren, denken wir an ein Kind, das im selben Alter lieber mit Autos spielt, von Mauern springt, balanciert, auf Leitern klettert und laut und draufgängerisch ist. Wir erwarten, dass diejenigen, die große Keimzellen produzieren, ihr ganzes Leben hindurch anders aussehen und sich anders verhalten als diejenigen mit kleinen Keimzellen. Genau das sind die Geschlechterrollen.

Die traditionellen Vorstellungen davon, welche Bedeutung kleine oder große Keimzellen für Brutpflege und Konkurrenzkampf haben, müssen ebenso überdacht werden wie unser gesamtes Verständnis vom biologischen Geschlecht als solchem. Wenn wir an Männchen oder Weibchen denken, ob es nun Menschen oder andere Arten sind, denken wir nicht nur daran, welche Keimzellen sie produzieren. Wir haben sofort konkrete Ideen, was für ein Leben die Betreffenden leben, denken an passive Weibchen und aktive Männchen und glauben zu wissen, welche Gefühle bei ihnen überwiegen: Mutterinstinkt versus Konkurrenzdenken. Dabei können menschliche Frauen ein sehr hohes Testosteronniveau haben, was wir traditionell als ein »Männerhormon« ansehen, und Männer mit XY-Chromosomen können weibliche Geschlechtsorgane ausbilden. Aber was definiert dann, was unser Geschlecht ist?

Für Darwin war es schwierig, die Geschlechter zu betrachten, ohne sie im Licht des kulturellen Kontextes zu sehen, in dem er selbst aufgewachsen war. Eigentlich ist das verwunderlich, weil es ihm bei der Evolutionstheorie durchaus gelungen ist, weit außerhalb der Box zu denken. Seine Theorie war ein enorm wichtiger Beitrag zur Biologie und ein gewaltiger Bruch mit der vorherrschenden Denkweise mit Gott als Schöpfer, die Darwins Jugend geprägt hatte. Ebenso schwer ist es für uns heute, nicht an das zu denken, was wir über die Natur der Geschlechter gelernt haben und was dies für uns und unsere Rollen bedeutet. Auch die Erwartungen, die an uns geknüpft sind, haben großen Einfluss auf unser Verhalten.

Der Wanderalbatros auf dem Nest mag sozial monogam sein, wir wissen aber nicht, ob sich das Weibchen nicht auch mit anderen gepaart hat oder ob ihr Partner wirklich ein Männchen ist. Wir nehmen das alles nur an. Ich habe keine Ahnung, welche Interessen mein Fötus in ein paar Jahren haben wird. Die Erwartungen, die die Gesellschaft an ihn hat, werden aber sicherlich Einfluss auf seine Entwicklung haben.[27] Auch das Umfeld, in dem wir unsere Kinder erziehen, hat Einfluss darauf, wie ihre Hirne funktionieren. Welchen Anteil das im Vergleich zu Biologie und Genen ausmacht, ist schwer zu sagen.

Der biologische Unterschied muss nicht so groß sein, wie wir annehmen, und die Kategorien gehen ineinander über, je nachdem, was wir betrachten. In erster Linie sind wir Menschen, nicht Männchen und Weibchen. Im Laufe der Geschichte war die Trennung zwischen den unterschiedlichen Geschlechtern sehr groß, man hat den Frauen Stimmrecht und Bildung mit der Argumentation verwehrt, dass es nicht in der Natur der Frauen läge, auf dieselbe Weise wie der Mann an der Gesellschaft teilzunehmen. Heute gäbe es einen Riesenaufschrei, würde man Frauen das Wahlrecht oder den Zugang zu Bildung verwehren. Welche anderen »natürlichen« Unterschiede werden fallen, wenn die Gesellschaft sich weiterentwickelt? Vielleicht will mein Kind irgendwann ein Kleid tragen, vielleicht will es mit Autos spielen, vielleicht beides gleichzeitig. Wenn es uns gelingt, die Grenzen zwischen Blau und Rosa aufzubrechen und damit unsere Vorstellungen, was Frauen und Männer tun können, sehen wir vielleicht, dass die Unterschiede nicht so groß sind, wie wir sie haben wollen, und dass die Grenzen viel fließender sind, als wir es glauben.

Woche 12

Bald habe ich das erste Trimenon hinter mir. Kann erzählen, warum ich weg bin, und die Mythen entkräften, die auf der Arbeit kursieren. Ich habe weder eine *E. coli*-Infektion noch einen Burnout. Mein Fötus hat mir die ganze Zeit gezeigt, dass er bleiben und diesen Weg weiter mit mir gehen will. Nach dem ersten Trimester ist das Risiko für eine Fehlgeburt so gering, dass man traditionell sagen »darf«, dass man schwanger ist, als wäre eine Fehlgeburt etwas, wofür man sich schämen muss.

Bei einigen schwindet die Übelkeit ab diesem Zeitpunkt, nicht so bei mir. Trotzdem werde ich wieder etwas mehr zum Menschen, mein Hirn meldet sich zurück, aber wieder so richtig übernehmen darf es noch nicht, weshalb ich leider auch noch nicht arbeiten kann.

Während mein Fötus endlich »real« ist, ist das Nilkrokodil *(Crocodylus niloticus)* mit dem Ausbrüten seiner Eier fertig. Das Ganze begann mit zeitraubendem Geflirte im Wasser, wo Männchen und Weibchen den Nacken an den Kiefer des anderen gerieben haben, bis das Weibchen das Männchen schließlich als Samenspender für ihre kommenden Kinder akzeptiert hat. Er ist auf sie geklettert und hat seinen Schwanz um sie geschlungen, damit ihre Kloaken nah aneinander kommen. Der Krokodilpenis, der konstant steif ist, ist dann aus der Kloakenöffnung gesprungen, um die Spermien in ihre Öffnung zu spritzen.[1] Es ist unbekannt, warum die Krokodilpenisse beständig steif sind, es ist eines der Rätsel der Evolution, wie es lange auch die Funktion der Klitoris war, die es nicht nur bei allen Säugetieren gibt. Auch das Krokodilweibchen hat in der Kloakenöffnung eine komplexe Klitorisstruktur, über deren Funktion die Forscher lange gerätselt haben, bis sie dann irgendwann zu dem Schluss kamen, dass die Klitoris vermutlich bei der Paarung vom Männchen stimuliert wird.[2] Wie in den Studien über die Menschen konzentrierte die Forschung sich auch bei den Krokodilen eher auf die Funktion des Penis als auf die Klitoris. Die beiden Organe entstehen in dem heranwachsenden Zellklumpen aus denselben Strukturen, was kein Hindernis für die lange geltende Vorstellung war, dass Männchen sexuelle Stimulierung und Genuss brauchen, um sich zu reproduzieren, während die Weibchen die Begattung ohnehin annehmen. Zum Glück steigt das Verständnis dafür, dass dank der Nerven in den weiblichen Geschlechtsorganen auch Weibchen während der Paarung sexuelle Erregung verspüren. Sowohl bei Männchen wie auch bei Weibchen ist der Genuss der sexuellen Erregung eine Art biologische Belohnung für den Aufwand der Reproduktion.[3] Auch hier hat die Evolution ihre Finger im Spiel.

Obgleich das Nilkrokodil weite Teile seines Lebens im Wasser verbringt, ist es aus einem Landtier entstanden, und es muss deshalb auch wieder an Land, um seine Eier zu legen. Die kleinen Nachkommen wären dem Tode geweiht, würden die Eier unter Wasser abgelegt werden. Es reicht aber nicht, dass das Nest an Land ist. Es muss die exakt richtige Feuchtigkeit und Wärme haben und an einem Ort sein, an dem das Weibchen auf es aufpassen kann. Bei der Nistplatzsuche des Krokodilweibchens wird deshalb nichts dem Zufall überlassen. Das Kriechtierhirn folgt dabei nicht nur einem Instinkt, das Weibchen bewertet die Umgebung nach früher gemachten Erfahrungen und sucht einen Ort aus, an dem die Wahrscheinlichkeit, dass die Jungen schlüpfen, möglichst hoch ist.

Es hebt für das Nest ein Loch in einem sandigen Wall in einer möglichst ungestörten Umgebung aus, die in den Wochen, die es die Eier bebrütet, nicht überschwemmt werden kann. Überdies muss in der Nähe Vegetation sein, damit das Weibchen sich verstecken kann, außerdem braucht es Wasser zum Trinken.[4] Mehrere Orte werden begutachtet, bevor das Weibchen sich schließlich für einen entscheidet. Sollte an früheren Brutplätzen etwas Unangenehmes geschehen sein, wie dass Forscher es gefangen oder Raubtiere das Nest geplündert haben, erinnert das Krokodil sich daran. An einen solchen Ort würde das Weibchen nie zurückkehren. Vermutlich hält es das ganze Jahr nach einem perfekten Ort Ausschau und erinnert sich später daran, wie der Wasserstand in Trocken- und Regenperioden[5] war. All diese Informationen muss das Tier irgendwie speichern.

Wenn das Krokodilweibchen den richtigen Ort gefunden hat, gräbt es sich ein und legt die Eier schichtenweise übereinander, ehe es diese mit Sand zudeckt. Dann beginnt das Warten. Drei Monate bleibt die Mutter in der Nähe des Nestes. Nachts liegt sie gerne darauf und tagsüber irgendwo in der Nähe im Schatten. Sie bleibt während der ganzen Zeit an Land, obwohl sie im Wasser viel weniger gefährdet wäre.

Mittlerweile sind zwölf Wochen[6] vergangen, und die Jungen sind kurz vor dem Schlüpfen. Die Eier liegen so tief im Sand, dass die Kleinen sich nicht aus eigener Kraft befreien können. Die Jungen brauchen die Hilfe ihrer Mutter. Sie beginnen zu fiepen, und die Mutter reagiert sofort auf das Geräusch und gräbt das Nest aus. Sie arbeitet dafür mit Vorderbeinen und Maul, und manchmal hilft sie ihrem Nachwuchs auch, die Eierschale aufzubekommen, indem sie die Eier ins Maul nimmt und mit leichtem Druck herumrollt. Im Maul trägt sie die Jungen dann zum Wasser, wo sie noch weitere zahlreiche Wochen auf sie aufpasst.[7] Sie frisst die Kleinen nicht, sie weiß, dass es ihre eigenen Nachkommen sind. Das Fiepen erweckt irgendetwas in ihr.

Ich bin zu Hause und verbringe die langen Tage, während mein Partner auf der Arbeit und unsere Dreijährige im Kindergarten ist, im Bett. Mittlerweile bin ich wieder in der Lage, hin und wieder auf

mein Handy zu schauen, ich schaffe es aber nicht, mich durch Fotos glücklicher Menschen in den sozialen Medien zu scrollen. Ich will nicht daran erinnert werden, dass sie ihre Leben leben, während meines nur aus Warten besteht. Ich sehe mir die Fotos an, die wir nach der Geburt von unserer Tochter gemacht haben, studiere ihre winzigen Hände, die faltige Haut an ihrem Rücken und den perfekten Bogen, den ihr Rückgrat beim Stillen beschreibt. Diese Fotos wecken etwas in mir, ich möchte zu diesem Zeitpunkt vorspulen, will mein neues Baby auf meinem Bauch liegen haben und nicht in mir drin. Ich will an seiner Haut riechen, es mit meinen Armen und nicht meiner Gebärmutter schützen. Die Länge der Brutzeit des Nilkrokodils ist von der Wärme des Bodens abhängig. Das Muttertier muss das Loch tief genug graben, damit die Umgebung weder zu kalt noch zu warm ist, denn sonst würden die Föten sterben. Es geht dabei aber nicht nur ums Überleben. Auch das Geschlecht der kleinen Krokodile wird von der Temperatur bestimmt. Nilkrokodileier entwickeln sich zu Weibchen, wenn die Temperatur etwas zu hoch oder zu niedrig ist; liegt sie perfekt dazwischen, entwickeln sich Männchen.[8] Sollen einige Jungen Männchen und andere Weibchen werden, was die Reproduktionschancen ihrer Nachkommen erhöhen würde, muss das Weibchen einen Ort finden, an dem es die Eier schichtweise ablegen kann, sodass die am tiefsten liegenden Eier zu Weibchen werden, die in der Mitte zu Männchen und die obersten wieder zu Weibchen.

Aber wieso ist die Ausbildung des Geschlechts temperaturabhängig? Ist das nicht riskant? Immerhin könnte plötzlich ja nur noch ein Geschlecht entstehen, und dann würde die Art aussterben. Es ist noch immer ein Rätsel, warum die Ausbildung des Geschlechts bei so vielen Kriechtieren von der Temperatur und anderen Umweltfaktoren abhängt;[9] da diese Besonderheit aber bei so vielen Arten zu finden ist, muss es bis jetzt irgendwie funktioniert haben. Die Arten überleben, und neue Männchen und Weibchen werden geboren. So geht es seit Generationen. Es bleibt nur abzuwarten, ob der Klimawandel die Nester grabenden Weibchen so sehr verwirrt, dass schließlich nur noch ein Geschlecht geboren wird.

Woche 13

Ich verbringe den Tag in meiner dunklen Höhle, verfolge aber den hellen Streifen Licht, der durch die Gardinen fällt und sich im Laufe des Tages langsam durch das Schlafzimmer bewegt. Draußen werden die Bäume bunt, und unten fahren Autos vorbei. Menschen laufen über die Bürgersteige zur Arbeit, zum Kindergarten, zum Einkaufen. Das Licht zieht mich an, ich will da raus, mein Körper setzt sich aber noch zur Wehr.

An einem ganz anderen Ort, weit von mir entfernt, lebt eine Mama, die nicht ins Licht will, ja die es vielleicht kein einziges Mal sehen wird.

Tief unter der Erde der Kalahari-Wüste im Süden Afrikas gebiert ein Damara-Graumull *(Cryptomis damarensis)* seine kleinen, acht bis zehn Gramm schweren Jungen. Mulle sind am ehesten als eine Mischung zwischen Maulwurf und Ratte zu beschreiben, sie gehören zur Familie der Sandgräber, bei der alle Arten ihr gesamtes Leben in avancierten, unterirdischen Gängen und Höhlensystemen verbringen.

Der Damara-Graumull lebt in kleinen Kolonien mit acht bis fünfundzwanzig Tieren, die gemeinsam graben, Nahrung suchen und ihre Jungen großziehen. Auch die erwachsenen Tiere sind klein, sie wiegen kaum 130 Gramm, haben winzige Augen, einen tonnenförmigen Körper und kurze Beine. Die Ohren sind kaum sichtbar. Das einzig Auffällige an dem pelzigen Tier mit dem weißen Fleck auf dem Kopf sind die Vorderzähne in Ober- und Unterkiefer, die wie enorme Spieße aus dem Maul herausragen.

Das Nest, in dem die kleinen Jungen jetzt geboren werden, ist in einem der großen unterirdischen Hohlräume, dem gemeinsamen »Schlafzimmer« der Kolonie. Die Mutter ist die Königin, nur sie kann sich in der Kolonie reproduzieren. Sie wird die Jungen jetzt etwa einen Monat stillen, obwohl diese bereits nach sechs Tagen beginnen, feste Nahrung zu sich zu nehmen. Die Königin ist eine Geburtsmaschine, die Einzige, die zur Vergrößerung der Kolonie beiträgt, und schafft bis zu drei Würfe mit bis zu sechs Jungen pro Jahr. Sie und das sich reproduzierende Männchen sind die Anführer der Kolonie. Genau wie in einem Wolfsrudel *(Canis lupus)* bekommt nur ein Paar Junge. Die anderen Tiere der Kolonie rei-

hen sich unter ihnen ein. Bei den Damara-Graumullen basiert die Hierarchie auf der Größe der Tiere, und wenn sie sich nicht einig werden, wer der größte ist, kämpfen sie und verhaken die Zähne ineinander, um zu sehen, wer der stärkere ist. In der Regel ist dann schnell klar, wer das Sagen hat.

Obwohl nur die Königin Junge gebiert und stillt, helfen die anderen mit. Sie passen auf, dass die Jungen das Nest nicht zu weit verlassen, und tragen sie mit ihren großen Zähnen vorsichtig zurück. Sie holen Nahrung aus dem Vorratslager und graben Gänge, um neue Nahrung zu finden. Sie reparieren Tunnel und Höhlen, warnen einander und schaffen die Jungen weg, sollte sich ein Eindringling nähern. Wenn Forscher eine ganze Kolonie ausgraben, um zu sehen, was die Graumulle eigentlich machen, finden sie die Königin immer als Letzte. Die anderen Mitglieder der Kolonie ziehen für sie in den Krieg, sie opfern sich, um diejenige zu schützen, die neue Nachkommen gebären kann.

In der Heimat der Damara-Graumulle bilden viele Pflanzen große, unterirdische Knollen. Wenn es regnet, speichern die Pflanzen dort Wasser und Nährstoffe für die lange Trockenzeit. Die Damara-Graumulle nutzen genau dies aus. Die Pflanzen speichern ihre Energie in Wurzelknollen oder verdickten Stängeln, genau wie die Kartoffeln. Und genau wie wir Kartoffeln essen, fressen die Graumulle diese Knollen. Sie verbringen ihr ganzes Leben unter der Erde, graben sich von Knolle zu Knolle und lagern diese dann in eigenen Vorratskammern. Regelmäßig ziehen sie mit ihren Schlafkammern, Aufenthaltsräumen und Toilettenhöhlen in die Gegenden, wo es jeweils die meiste Nahrung gibt. Die Arbeit ist klar verteilt. Die Königin ist für die Reproduktion zuständig, die nicht-reproduzierenden Mitglieder der Kolonie schaffen Nahrung heran und graben Gänge. Sie nagen sich durch den Boden, um Nahrung zu finden, und sie kommen nur dann in die Nähe der Oberfläche, wenn sie die Erde aus ihren langen Gängen oberirdisch deponieren müssen. Hastig schaufeln sie dann die überschüssige Erde durch ein kurzzeitig gegrabenes Loch, das sie dann wieder sorgsam verschließen, damit keine Schlangen in die Gänge kriechen. Graumulle verlassen ihre Gänge nur und bewegen sich außschließlich an der Erdoberfläche, wenn sie eine neue Kolonie gründen müssen. Sie paaren sich nicht mit Familienangehörigen, weshalb junge, hoffnungsvolle Mulle manchmal die Kolonie verlassen, um eine neue zu gründen und dort vielleicht diejenigen sein zu dürfen, die sich vermehren.

Damara-Graumulle haben keine großen Augen, und die Bereiche des Hirns, die optische Reize verarbeiten, sind reduziert. Sie brauchen im Dunkeln aber auch nicht sehen zu können. Dafür haben sie lange Tasthaare am Kopf und am Körper, sodass sie Wände und Boden spüren, außerdem hilft ihnen ihr Geruchssinn, den Weg in die Toilettenkammer, die Schlafhöhle oder zu neuer Nahrung zu finden. Ihre Haut ist sehr locker, sodass sie sich problemlos auch in engen Gängen umdrehen können. Es ist fast so, als würden sie sich innerhalb der Haut umdrehen, ehe diese dann Muskeln und Skelett folgt. Die Lippen sind vorn gespalten und treffen sich hinter den Schneidezähnen, sodass Erde und Sand beim Graben nicht in ihr Maul dringen.

Damara-Graumulle sehen niemals die Sonne und können deshalb auch kein Vitamin D metabolisieren. Sie trinken auch keine calciumreiche Milch von anderen Tieren. Wir Menschen brauchen Vitamin D, um Calcium binden zu können. Andernfalls könnten wir weder unsere Knochen noch die unserer Kinder aufbauen, geschweige denn Milch für unsere Babys bilden. Trotzdem mangelt es den Mullen überraschenderweise nicht an Calcium, da sie in der Lage sind, mehr als 90 Prozent des Calciums aus ihrer Nahrung zu absorbieren. Bei anderen Säugetieren liegt diese Quote höchstens bei 60 Prozent. Insbesondere das reproduzierende Weibchen braucht Calcium, da es fast sein ganzes Leben trächtig ist oder stillt. Die anderen brauchen das Calcium für den Aufbau ihrer Zähne, die immer wieder abgeschliffen werden, wenn sie ihre Gänge graben.

Warum haben nur einige wenige Mulle die Möglichkeit, sich zu reproduzieren, warum setzen nicht alle Junge in die Welt, damit die Kolonie wächst? Die Damara-Graumulle leben unter der Erde in einer Gegend, in der viele Pflanzen unterirdische Speicherorgane bilden. Sie sind dort sicher vor Raubtieren, solange sie die Eingangslöcher zu ihren Gängen gut verschließen. Neue Nahrung ist aber nur in einer kurzen Periode des Jahres verfügbar, da die Erde nur dann weich genug zum Graben ist.

In dieser kurzen Zeitspanne müssen viele Tiere weite Wege zurücklegen, damit ihre Gänge mehrere Nahrungsquellen erreichen. Anschließend müssen sie die Nahrung in ihre Vorratskammern bringen. Damara-Graumulle können allein nicht genug Nahrung herbeischaffen, gemeinsam sind sie aber stark. Ein Großteil der Tiere muss mit der Reproduktion warten, um dem reproduzierenden Paar zu helfen, seine Jungen großzuziehen. Sind die Verhältnisse irgendwann gut genug, wagen es immer einige Tiere, die Gemeinschaft und die Sicherheit zu verlassen, um vielleicht selbst eine neue Kolonie zu gründen. Gelingt ihnen das, haben sie dort vielleicht die Möglichkeit, sich zu reproduzieren. Schaffen sie es nicht, sterben sie allein.[1]

Ich schleiche langsam in Richtung Praxis, um mich noch einmal mit meiner Hausärztin zu besprechen. Außerdem kann sie mich immer nur für 14 Tage krankschreiben. Das System zwingt uns, optimistisch zu denken und darauf zu hoffen, dass die Übelkeit irgendwann verschwindet. Ich habe meinen Termin am Nachmittag, weil ich mich dann seltener erbreche. Trotzdem muss ich langsam und vorsichtig gehen, um meinen Magen nicht zu reizen. Ich brauche 20 Minuten für eine Strecke, die ich normalerweise in einem Viertel der Zeit schaffe, und muss mich anschließend für den Rest des Tages ausruhen. Ich bekomme weitere Medikamente gegen die Übelkeit und noch einmal ein Attest für 14 Tage. Der Wohlfahrtsstaat ist mein Netzwerk, alle haben ihre Aufgabe. Ich bin eine Geburtsmaschine, die anderen arbeiten. Die Erwachsenen im Kindergarten passen auf unsere Dreijährige auf, mein Partner geht zur Arbeit, schafft Geld und Nahrung heran, während ich einzig damit beschäftigt bin, dieses Kind zu produzieren und so einen neuen Arbeiter zu schaffen, einen neuen Steuerzahler, ein neues Individuum.

Woche 14

Auf dem Boden unter der dichten Untervegetation in den Wäldern westlich des Amazonasgebietes in Südamerika schleicht ein Tier entlang, das wie eine Mischung aus einem Meerschweinchen und einem Eichhörnchen aussieht. Es ist ein Nager in Größe eines Milchkartons mit langen Beinen, kleinen, spitzen Ohren und einem kurzen, dünnen Hals auf einem schlanken Körper. Das Fell ist grün-braun und am Bauch etwas heller als am restlichen Körper. Das Grüne Acouchi *(Myoprocta pratti)* ist fast immer in hektischer Aktivität, selbst wenn es wie jetzt trächtig ist. Der Nager lebt in kleinen sozialen Gruppen mit strengem hierarchischem System. Bei den Rangkämpfen beißen sie einander bis aufs Blut, aber auch diese Art arbeitet bei der Aufzucht der Jungen zusammen. Die Tiere waschen sich gegenseitig das Fell und warnen vor Gefahren, indem sie auf den Boden trommeln. Die Gruppen bauen sich eigene Wege durch das Dickicht, und alle Mitglieder helfen, diese freizuhalten, denn sie brauchen sie, wenn sie vor Raubtieren fliehen müssen. Sie bauen ihre Nester in hohlen Baumstämmen, in verlassenen Nestern anderer Tiere oder in flachen, selbst gegrabenen Erdmulden, sie sammeln Nüsse und graben sie ein.[1]

Innerhalb der Gruppe bilden die Tiere monogame Paare; das Männchen flirtet mit dem Weibchen, indem es auf ihr Fell uriniert, es herumjagt und so lange mit den Füßen trommelt, bis es ihn entweder abweist oder akzeptiert – in diesem Fall ist ihr Band als

Paar geknüpft, wobei eine Reproduktion nur in der Paarungszeit möglich ist.[2]

Die Scheide der Grünen Acouchi ist nämlich von einem Häutchen bedeckt, das nur in der Paarungszeit und bei der Geburt geöffnet ist, die jetzt kurz bevorsteht. Während die Scheidenhaut sich öffnet, sorgt das Weibchen dafür, dass das Nest sicher und das Bett, auf dem die Jungen geboren werden sollen, weich und trocken ist. Diese Haut ist am ehesten zu vergleichen mit dem menschlichen Hymen oder Jungfernhäutchen, wie es früher genannt wurde. Es wurde lange als Beweis herangezogen, ob eine Frau Geschlechtsverkehr hatte oder nicht. Dabei handelt es sich dabei nicht um ein Häutchen, das die Vagina bis zum ersten Geschlechtsverkehr verschließt, sondern um eine ringförmige Schleimhaut mit elastischem Bindegewebe an der Vaginalöffnung, die nichts darüber aussagt, ob eine Frau Sex hatte.[3]

Auch beim Grünen Acouchi lässt diese Haut nicht erkennen, ob das Tier sich schon gepaart hat. Sie sagt uns nur, ob das Weibchen zur Paarung bereit ist oder Junge gebären wird. Aber warum ist die Vagina dieser Art durch eine Haut verschlossen? Wir finden dieses Phänomen bei einigen wenigen Nagerarten, erklären können wir es aber noch nicht.

Verschiedene Hypothesen werden diskutiert und die verständlichste zielt darauf ab, dass die Weibchen diese Haut als eine Art Mechanismus entwickelt haben, um kontrollieren zu können, wann und mit wem sie sich paaren wollen, und vielleicht auch, um nicht begattet zu werden, wenn sie es nicht wollen. Es gibt viele Gründe dafür, sich nicht mit jedem zu paaren. Eier zu entwickeln und Junge auszutragen, ist eine große Investition, weshalb es klug ist, die besten Gene auszuwählen und zu verhindern, dass ihnen andere in die Quere kommen.

Aktuelle Forschungsarbeiten an einer anderen der wenigen Arten mit nur zeitweise geöffneten Scheidenhäutchen, der Gambia-Riesenhamsterratte *(Cricetomys gambianus)*, haben diese Hypothese bislang aber nicht bestätigen können. Die Riesenhamsterratte, deren Geruchssinn so gut ist, dass wir sie trainieren, Tuberkulose zu erkennen und Landminen zu erschnuppern, hat ihren Namen von den großen Hamstertaschen in den Wangen, in denen sie Nahrung speichern kann. Wie Hunde kann man diese Tiere mit Nahrung trainieren: Hamsterratten lieben Bananen und lernen schnell, dass sie belohnt werden, wenn sie das Gewünschte erschnuppern.

Statt weiter der Hypothese zu folgen, dass das Scheidenhäutchen eine Art Keuschheitsgürtel ist, favorisiert man mittlerweile eine Hypothese, nach der die Scheidenhäutchen teil eines Mechanismus sind, mit dem Weibchen die Reproduktion anderer Weibchen unterdrücken. Sowohl die Gambia-Riesenhamsterratte als auch das Grüne Acouchi leben in sozialen Gruppen. Es könnte sein, dass die dominanten Tiere mittels Hormonen und Pheromonen die Reproduktion der anderen unterdrücken und so sicherstellen, dass mehr Ressourcen und weniger Konkurrenten für sich selbst und ihre Jungen vorhanden sind. Dies widerspräche dem Drang eines jeden Lebewesen, den Zeitpunkt der Reproduktion selbst zu bestimmen, aber wenn die Jungen gerade dann kommen, wenn der Konkurrenzdruck am größten ist, und sie Gefahr laufen, von anderen in der Gruppe getötet zu werden, ist Unterordnung vielleicht der bessere Weg. In so einem Fall gilt es, die richtige Gelegenheit oder den Tod des dominierenden Weibchens abzuwarten.[4]

Sehnt das Grüne Acouchi sich danach, Junge zu bekommen? Wird es wütend, wenn es nicht in Paarungslaune kommt? Weiß es, dass es ein Teil in einem sozialen Puzzle ist, oder arbeitet es bloß an den Wechseln unter der Vegetation und vergräbt Nahrungsvorräte, bis es irgendwann brünstig wird und sich plötzlich mehr dafür interessiert, wer ihm aufs Fell pinkelt? Ich habe kein Scheidenhäutchen, ich werde nicht von anderen Frauen meiner Gruppe unterdrückt, und in Kontakt mit Urin komme ich nur, wenn meine Dreijährige so vertieft in ihr Spiel ist, dass sie vergisst, dass sie keine Windel mehr trägt.

Das Grüne Acouchi bringt jetzt seine Jungen zur Welt. In dem sicheren Nest gebiert das Weibchen kleine Wesen mit Fell und offenen Augen. Es wäscht sie und schnurrt dabei wie eine Katze, und in den nächsten sechs bis acht Wochen wird es sie stillen, während die Kleinen immer selbstständiger werden.[5] Schließlich ziehen sie in die Welt hinaus, werden dominiert und warten darauf, endlich ihrerseits die Möglichkeit zu bekommen, sich zu reproduzieren.

Woche 15

Ich habe einen Wahnsinnshunger. Die Übelkeit und das Erbrechen haben sich etwas gelegt, ich kann Nahrung zu mir nehmen, und manchmal bleibt sie auch drin. Trotzdem erbreche ich mich noch drei- bis viermal pro Tag. Der Körper will das Verlorene aber irgendwie wieder zurück, sodass ich die ganze Zeit ans Essen denke. Morgens, nach dem Aufwachen, esse ich als Erstes ein paar trockene, salzige Kekse. Ganz vorsichtig, damit die Übelkeit, die zitternd in meinem Magen liegt, nicht aufwacht. Manchmal klappt es, manchmal nicht. Im Laufe des Vormittags lässt die Übelkeit in der Regel dann aber etwas nach, sodass ich etwas essen kann, auch wenn ich es manchmal gleich wieder von mir gebe. Das Erbrechen ist zur Routine geworden, ich komme damit klar und will trotzdem essen. Während im Hintergrund das Radio läuft, geht mir immer wieder durch den Kopf, wie ich etwas in meinen Bauch bekommen kann. Zuerst eine Scheibe Brot. Dann eine zweite. Dann einen Joghurt mit Haferflocken. Spiegelei mit Bohnen in Tomatensauce. Die Mittagsreste von gestern. Ich esse morgens, mittags und abends riesige Portionen. In den ersten Wochen ist mein Fötus mit kleinen Toastbröckchen mit Käse gefüttert worden, die ich ganz vorsichtig zu mir genommen habe, damit sie auch ja drinbleiben. Jetzt fühlt es sich an, als müsste ich sowohl meinen als auch den Körper meines Babys aufbauen, als wollte ich all die Sachen zu mir nehmen, an die ich nicht einmal zu denken gewagt habe. Garnelen, gesalzene Edamamebohnen. In Butter gebratene Pilze. Weich gekochte Eier.

Nudeln mit Tofu und Erdnusssauce. Pizza mit Pfifferlingen. Spaghetti mit Tomatensauce und extra viel Käse. Ich kann kaum an etwas anderes als das nächste Essen denken.

Die Waldspitzmaus *(Sorex araneus)*[1] hat eine so hohe Stoffwechselrate, dass die Tiere jeden Tag etwa 80 bis 90 Prozent ihres eigenen Körpergewichts an Nahrung zu sich nehmen müssen. Im trächtigen Zustand oder wenn ein Weibchen stillt, sind es jeden Tag sogar 125 Prozent. Die Spitzmaus wiegt zwar nur ein paar wenige Gramm, trotzdem ist das für sie eine Riesenmenge an Nahrung, die ich mir für mich nicht ansatzweise vorstellen kann.[2] Ein Spitzmausweibchen kann sich direkt nach der Geburt erneut paaren und trächtig werden, noch während sie die Jungen des letzten Wurfs stillt. Sie gebiert, frisst, stillt, frisst, paart sich, frisst, stillt, gebiert und frisst. Die drei Mittagessen, die ich pro Tag zu mir nehme, sind viel, aber wollte ich so viel fressen wie die Spitzmaus, wären die Finanzen unserer Familie längst in Schieflage geraten.

Ich esse im Bus auf dem Weg zum Hebammencenter. Endlich ist es so weit, endlich werden wir unser Baby sehen. In vier Wochen habe ich den ersten offiziellen Kontrolltermin im Krankenhaus, aber ich will schon jetzt wissen, ob der Winzling in meinem Bauch ein Gehirn, ein Rückgrat, einen Magen und einen Darm hat – dass er lebensfähig ist und meine Schleimhäute nicht einfach nur ausgetrickst hat. Mein Partner und ich haben auch heute zusammengearbeitet. Er hat unsere Dreijährige in den Kindergarten gebracht, während ich die Spuren der ersten Übelkeitsrunde beseitigt habe. Jetzt halte ich eine Scheibe Brot in der einen und einen Kotzbeutel in der anderen Hand, nur für alle Fälle.

Während die Hebamme das kalte Gel auf meinen Bauch schmiert, beugt die Bibermama *(Castor fiber)* sich unter Krämpfen nach vorn. Sie sitzt bei der Geburt aufrecht, den Schwanz zwischen den Beinen nach vorn, und gebiert nacheinander ihre kleinen Jungen. Sie presst sie auf ihren breiten Schwanz, von wo sie in das Bett rollen, das sie gemeinsam mit dem Bibermännchen mit weichen, frischen Pflanzen ausgepolstert hat. Sie wäscht und pflegt die Jungen und das Männchen hilft ihr, indem es den Mutterkuchen frisst und die Jungen an ihre Zitzen hebt. Die drei kleinen Biberjungen sind die jüngste Generation, die vom Wurf des letzten Jahres neugierig beäugt werden. Bald werden die Halbwüchsigen Babysitter für ihre kleinen Geschwister sein. Sie werden auf sie aufpassen, wenn sie im eingebauten Pool des Biberbaus ihre ersten Schwimmversuche unternehmen, sie werden ihnen frische Zweige und Pflanzen holen, die sie fressen können, und sie schließlich auf ihre ersten Ausflüge aus dem Bau begleiten.

Die Elterntiere haben einen großen Bau errichtet. Die Konstruktion aus Zweigen und Lehm reicht in das Erdreich hinein und verfügt über mehrere Kammern. Sie brauchen vier bis sechs Wochen für den Bau, der anschließend konstant in Schuss gehalten und manchmal über viele Jahre hinweg genutzt wird. Die Eingänge liegen unter Wasser, damit Füchse und andere Raubtiere nicht den Weg zu ihnen hineinfinden. Die erste Kammer, in die der Bibervater kommt, nachdem er sein Territorium patrouilliert hat, ist eine Speisekammer mit eingebautem Schwimmbecken. Hier wird gefressen. Alle Familienmitglieder, die im Wasser waren, warten hier, bis ihr Fell getrocknet ist, bevor sie in die etwas höher, über dem Wasserniveau liegende Schlafkammer gehen. Ein sich nach oben abzweigender Schacht sorgt dafür, dass dieser Raum immer gut belüftet ist.

Schon am Tag ihrer Geburt können die Jungen im Wasser herumplantschen. Ihr dickes Fell ist so dicht, dass die Luft nicht entweichen kann. Es trägt sie wie eine Rettungsweste, sodass die kleinen weder tauchen noch ertrinken oder durch den Unterwassereingang des Baus nach draußen schwimmen können.[3]

Mit Ultraschall scannt die Hebamme meinen Bauch. Sie findet die Höhle meines Babys, das Schwimmbecken, in dem es herumplantscht. Es hat Hirn, Lungen, Arme und Füße und scheint so gesund zu sein, wie es zu diesem Zeitpunkt nur sein kann. Es ist in der Gebärmutter vom Fruchtwasser umgeben und darf noch nicht raus. Das Baby dreht sich etwas, und wir sehen ihm direkt zwischen die Beine. Es sieht so aus, als würden wir dieses Mal einen Jungen bekommen. Das Baby ist wirklich da und für ein paar Minuten sind Übelkeit und Erschöpfung wie weggeblasen. Es ist dieser Junge, auf den wir warten, und vielleicht ist er all die Übelkeit wert.

Woche 16

Die Tüpfelhyäne *(Crocuta crocuta)* hat gerade ihre Jungen bekommen. Nach fast 16 Wochen Tragezeit hat das Weibchen die größte Prüfung seines Lebens hinter sich gebracht. Schon die Paarung war eine echte Herausforderung. Vagina und Klitoris der weiblichen Tiere sind nämlich zu einem mehrere Zentimeter langen, penisartigen Rohr verwachsen, das den Weibchen Macht gibt, Paarung und die Geburt aber massiv erschweren.

Tüpfelhyänen sind große Raubtiere, die die Savannen weiter Teile von Afrika bewohnen. Sie sehen ein bisschen so aus, als wären bei der Evolution die Reste verschiedener Arten zusammengewürfelt worden. Ein großer Kopf mit starkem Kiefer und scharfen Zähnen, noch größere Ohren und ein langer Hals mit struppigem Fell, das sich über den Rücken nach hinten zieht. Lange Vorderläufe und ein kräftiger Bauch, ehe der Körper mit kürzeren Hinterläufen und einem dünnen, haarigen Schwanz endet. Das Fell ist gefleckt und die Haut häufig von überstandenen Kämpfen vernarbt. In der Regel ist ihr Fell voller Schlamm, da die Tiere sich gerne in Wasserlöchern im Territorium ihres Clans, wie das Rudel bei den Hyänen genannt wird, abkühlen. Das Auffälligste ist aber, dass zwischen den Beinen von Weibchen und Männchen ein Penis hängt.

Statt einem gewöhnlichen Säugetier-Geburtskanal, einem im Körper liegenden, gebogenen Schlauch, in den ein normaler, mehr oder minder stabförmiger Penis leicht eingeführt werden kann, hat das Hyänenweibchen einen äußeren Geburtskanal, der wie ein herabhängender Penis aussieht.

Die äußeren Schamlippen sind zusammengewachsen und gleichen einem Säckchen, während die Klitoris lang und rund ist. Sogar die Harnröhre führt durch diesen Pseudopenis, wie die Klitoris genannt wird, und die weiblichen Tiere geben den Urin genau wie ihre männlichen Artgenossen ab. Der Pseudopenis kann wie der Penis der Männchen erigieren, was allerdings nicht passiert, wenn das Weibchen sich paaren will, sondern wenn es sozial ist und den anderen Mitgliedern des Clans ihren Status zeigt.

Hyänen leben in von Weibchen angeführten Gruppen, und nur die Weibchen dürfen im Clan bleiben, wenn sie erwachsen geworden sind. Die Weibchen sind größer als die Männchen und dominieren diese. Auch untereinander haben sie eine klare Rangordnung, die von Mutter zu Tochter vererbt wird.[1] Vielleicht ist diese Rangordnung dafür verantwortlich, dass die Weibchen der Tüpfelhyänen einen Pseudopenis ausbilden. Mehrere Hypothesen beschäftigen sich mit der Frage, wie der Pseudopenis mit den Machtverhältnissen innerhalb der Clans zusammenhängt. Eine der Hypothesen besagt, dass es für die jungen Weibchen nach der Geburt zweckmäßig ist, wie Männchen auszusehen, um nicht getötet zu werden. Hyänenjunge werden mit scharfen Zähnen und kräftiger Kiefermuskulatur geboren. Sie sind aggressiv und töten nicht selten ihre eigenen Geschwister. Das Risiko, getötet zu werden, ist bei neugeborenen Weibchen größer als bei Männchen, Gefahr droht ihnen nicht nur von ihren Geschwistern, sondern auch von anderen Weibchen des Clans. Indem sie durch ihren Pseudopenis wie ein Männchen aussehen, verringert sich die Gefahr.[2] Im Neugeborenen-Alter kann der Pseudopenis also ein Schutz sein – die Kehrseite der Medaille bekommen die Tiere zu spüren, wenn sie zum ersten Mal gebären.

Die baumelnde Klitoris ist nicht nur ein Schutz davor, zu Tode gebissen zu werden. Sie sorgt auch dafür, dass kein Weibchen un-

freiwillig begattet werden kann. Die Weibchen bestimmen und laden ihren Auserwählten ein, den Akt durchzuführen, indem sie den Pseudopenis in den Körper ziehen, sodass er zu einem Rohr wird, in das die Männchen ihren richtigen Penis einführen können.

Als die trächtige Tüpfelhyäne gespürt hat, dass die Geburt kurz bevorsteht, hat sie sich vom Rest des Clans abgesondert. Sie hat sich eine eigene Höhle gesucht, in der sie in den nächsten Wochen mit ihren Jungen allein sein kann.[3] Ihr Pseudopenis ist während der Geburt aufgerissen und wird nie wieder richtig verheilen, sondern von nun an offen und vernarbt bleiben. Fast alle Weibchen erleben das bei ihrer ersten Geburt, sodass das rosafarbene Narbengewebe ein sicheres Kennzeichen von weiblichen Tieren ist, die schon mindestens einen Wurf hinter sich haben.[4] Trotz ihres aufgerissenen Pseudopenis sollte die Hyäne glücklich ihre Jungen lecken, da diese die Geburt überlebt haben. Sechzig Prozent der Welpen der Erstgeburt sind Totgeburten, weil es zu lange dauert, sie durch den langen, engen Geburtskanal zu pressen.[5] Die Jungen sind bei der Geburt größer als die Neugeborenen anderer Raubtiere und vom ersten Tag an bereit zu kämpfen.[6] Und das ist gut so, denn sie konkurrieren nicht nur mit ihren Geschwistern, sondern müssen sich auch gegen andere Weibchen schützen, sobald sie zu den anderen Clanmitgliedern in die Gemeinschaftshöhle umziehen. Dort treffen sie dann auch auf die anderen Jungtiere. Die ranghöchsten Weibchen streben nicht selten danach, die Jungen rangniedrigerer Weibchen zu töten, vermutlich wollen sie so dafür sorgen, dass ihre eigenen Jungen weniger Rivalen haben.[7] Obwohl das Risiko für die Jungtiere groß ist, muss das Tüpfelhyänenweibchen zurück in den Schutz des Clans, denn allein kann es nicht genügend Nahrung heranschaffen.

Doch noch braucht das Weibchen sich darum nicht zu sorgen. Die Tragezeit ist gerade erst mit der Geburt zu Ende gegangen und alle Welpen haben es vermutlich dank des aufgeplatzten Pseudopenis lebend auf die Welt geschafft.

Die Tüpfelhyäne ist die einzige bekannte Art, die sich durch eine herabhängende, penisartige Klitoris paart und ihre Jungen zur Welt bringt.[8] Wie ist es möglich, dass die Evolution bei dieser Art zu so ganz anders geformten, weiblichen Geschlechtsorganen geführt hat? Dass wir diese Frage nicht beantworten können, ist kein Wunder, bedenkt man, wie lange man so gut wie nichts über die Klitoris wusste.

Die weiblichen Geschlechtsorgane sind, verglichen mit den männlichen, sehr wenig untersucht worden. Und das gilt sowohl für die Menschen wie für andere Arten.[9] Die Frage, warum die Klitoris der Tüpfelhyänen zu einem Pseudopenis verwachsen ist, ist nicht weniger rätselhaft als die Frage, wie eine Klitoris überhaupt aussieht und funktioniert.

Die menschliche Klitoris ist im Laufe der Geschichte immer wieder aus den medizinischen Büchern über Geschlechtsorgane verschwunden, weil man sie für nicht wichtig genug erachtet hat. Wir haben lange geglaubt, dass es sich bei ihr nur um das kleine Zäpfchen oberhalb der Vagina handelt,[10] nicht so groß wie der Penis der Männer und auch nicht in gleicher Weise in der Lage anzuschwellen. Aber das ist ein Irrtum. Die menschliche Klitoris ist groß, sie ist zehn Zentimeter lang und reicht weit in den Körper hinein. Der kleine sichtbare Teil ist nur der Kopf eines Schwammgewebes, das genau wie der Penis anschwellen kann und die Vagina auf beiden Seiten umschließt. Erst 1988 wurde die erste anatomische Studie der menschlichen Klitoris publiziert, und im Jahr 2005 bekam die Welt die vollständige Anatomie der Klitoris durch die Arbeiten der australischen Urologin Helen O'Connel präsentiert. O'Connel stützt ihre Studien neben MR-Bildern auch auf Sektionen und weitere Literaturstudien.[11]

Bis jetzt haben wir geglaubt, die Klitoris habe 8 000 Nervenenden. Eine beeindruckende Zahl, durch die zum Ausdruck gebracht wurde, wie sensibel die Evolution dieses kleine Köpfchen gemacht hat. Diese Zahl zeigt aber auch, wie wenig wir in Wahrheit wissen.

Sie ist nämlich durch die Forschung bei Kühen und nicht beim Menschen ermittelt worden. Erst 2022 hat sich jemand der Frage gewidmet, wie viele Nervenendungen sich in der menschlichen Klitoris finden, und ist auf die stolze Zahl von durchschnittlich 10 280 gekommen.[12]

Ich muss mein Kind nicht durch die Klitoris zur Welt bringen, sie umgibt aber meinen Geburtskanal, und bis heute haben wir keine Ahnung, welche Rolle sie bei der Geburt spielt. Die Klitoris wird stimuliert, wenn etwas in die Vagina eingeführt wird, ebenso aber auch, wenn etwas nach außen drückt. Schiebt sich der Kopf eines Babys nach unten durch den Geburtskanal, wird die Klitoris auf dem Weg gleich an mehreren Stellen angeregt. Dies hängt vermutlich mit einer Reihe von Mechanismen zusammen, die während der Geburt zum Tragen kommen. Ein wichtiger Teil der Geburt ist der sogenannte Ferguson-Reflex: Der mechanische Dehnungsreiz, den der Fötus auf Gebärmutterhals und Scheide ausübt, löst im Zwischenhirn die Freisetzung von Kaskaden des Hormones Oxytocin aus, welches wiederum dazu führt, dass die Gebärmutter sich weiter zusammenzieht und das Baby in Richtung Vagina schiebt. Dies führt dazu, dass eine einmal begonnene Geburt auch weitergeht. Einige Forscher sind der Meinung, dass der Reflex nicht durch den Druck auf den Gebärmutterhals, sondern auf die inneren Teile der Klitoris ausgelöst wird. Darüber hinaus kann die Klitoris die Funktion haben, das Becken etwas mehr zu öffnen, da sie mit Muskeln gekoppelt ist, die mit dem Steißbein zusammenhängen und dafür sorgen können, dass der Beckenausgang sich vergrößert. Vielleicht schützt das angeschwollene Gewebe der Klitoris auch den Hinterkopf des Babys während der Geburt.[13]

Meine Klitoris hat ihren Beitrag geleistet, als die Samenzellen in die Scheide kamen, vielleicht ist ihre Rolle aber noch wichtiger, wenn das Produkt von Ei- und Samenzellen neun Monate später, also 25 Wochen von heute, schließlich nach draußen will.

Woche 17

Geoffroys Schwanzlose Fledermaus *(Anoura geoffroyi)* wird nicht schwerer als 15 Gramm, gehört damit aber trotzdem zu den mittelgroßen Fledermausarten. Die Art lebt in weiten Teilen Mittel- und Südamerikas. Sie ist nachtaktiv und sucht tagsüber Schutz in Höhlen. Sie hat braunes Fell, einen leichten Unterbiss und eine dünne, dreieckige, etwas vorstehende Nase. Die Zunge der Art ist lang und schmal und kann weit aus dem Maul gestreckt werden, was es dem Tier erleichtert, Pollen und Nektar von Blumen zu fressen. Darüber hinaus fängt die Art auch Insekten aus der Luft.[1]

Für ihre geringe Größe ist die Tragezeit sehr lang, viel länger als bei anderen Kleinsäugern. Das Durchschnittsgewicht einer ausgewachsenen Fledermaus beträgt, gemittelt über alle Arten, 20 Gramm, die Tragezeit ist dabei drei bis viermal länger als bei anderen Säugetieren vergleichbarer Größe. Bei dem einzigen Säugetier, das wirklich fliegen kann (und nicht nur durch die Luft gleitet), haben sich die Vorderbeine im Laufe der Evolution in Flügel verwandelt. Vielleicht hat die Fledermaus ihre Größe verringert, um fliegen und ihr Gewicht mit den Flügeln tragen zu können, während es das Reproduktionsmuster größerer Tiere mit langer Tragezeit beibehalten hat und nur ein Junges pro Wurf bekommt.[2]

Die Fledermausfinger sind von der dünnen Flughaut umgeben, nur der Daumen ragt mit einer scharfen Klaue aus den Flügeln, damit die Tiere sich festhalten können. Mit der aufgespannten Flug-

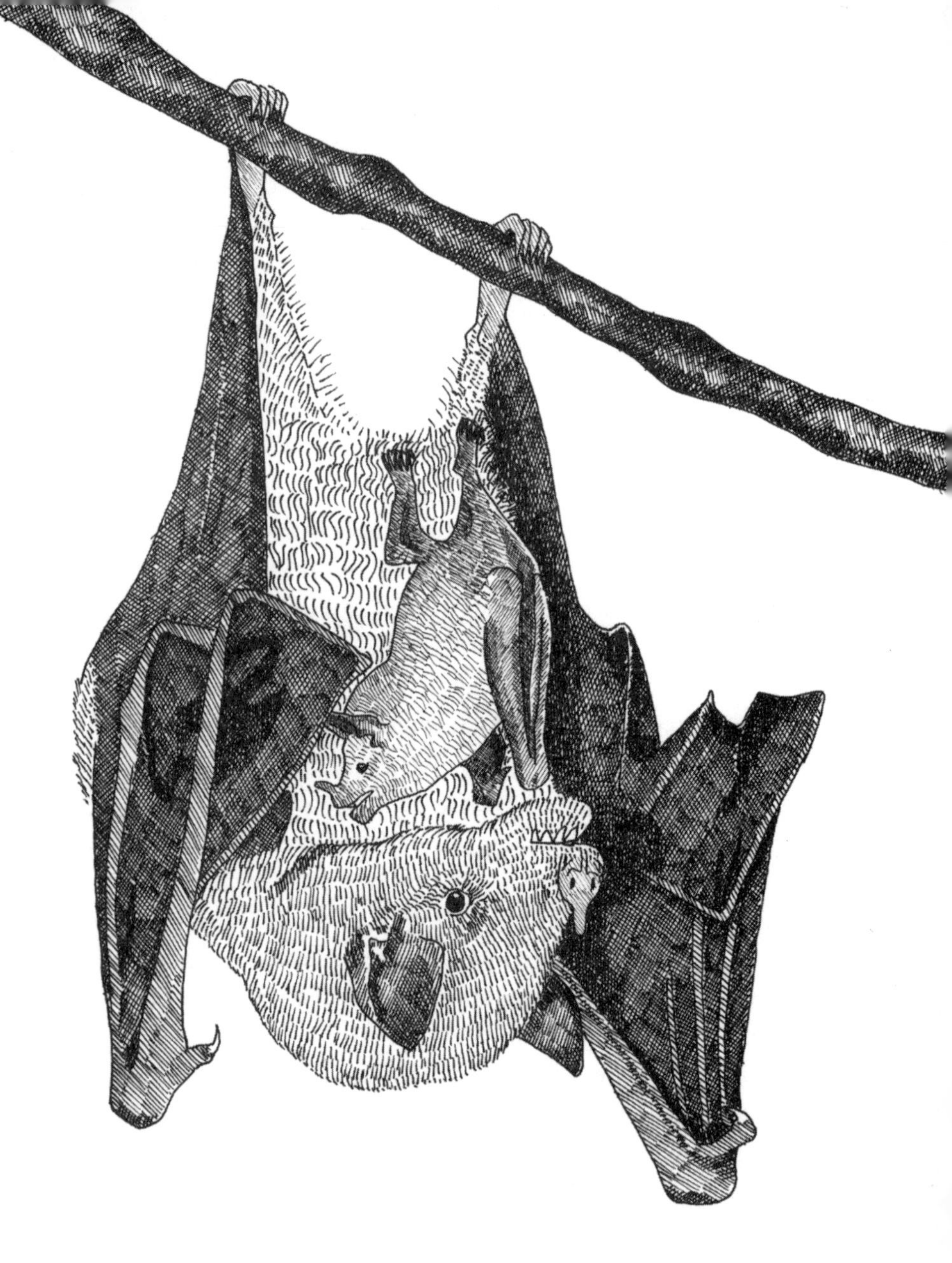

haut zwischen ihren Fingern fängt sie die Luft ein und drückt sich mit jedem Flügelschlag nach vorn.

Meine Finger sind voneinander getrennt, gebaut für Präzisionsarbeit – ursprünglich, um Samen vom Boden aufzuheben und Pfeilspitzen zu machen –, heute tippen sie vorwiegend auf der Tastatur herum. Aktuell lege ich meine Hände öfters einmal zu einer Schale zusammen, in die ich mich erbrechen kann, wenn ich es nicht mehr aufs Klo schaffe, aber sie sind nicht dicht, ich habe keine Haut zwischen den Fingern, sodass ein Teil der Flüssigkeit zwischen ihnen hindurchtropft. Wenn Geoffroys Schwanzlose Fledermaus nicht fliegt, hängt sie an den Füßen von der Decke ihrer Höhle herab. Bei der Geburt dreht sie sich vermutlich um und hält sich mit den Daumen fest, damit ihr die Schwerkraft helfen kann, das Junge herauszupressen. Ist der Moment gekommen, beugt sie die Knie und nimmt das Junge mit den Beinen und den kräftigen Klauen entgegen. Nach siebzehn langen Wochen mit einem wachsenden Fötus im Bauch muss sie das große Junge endlich nicht mehr im Körper tragen. Das Gewicht ihres Neugeborenen beträgt etwa 45 Prozent ihres eigenen Körpergewichts. Auf mich übertragen, müsste mein Baby bei der Geburt dann 30 Kilo wiegen. Wie kann sie mit einem derart schweren Körper fliegen? Tritt der Fötus gegen ihre Lungen, sodass sie kaum atmen kann? Wenn das Junge endlich geboren ist, nutzt es seine kurzen Hinterbeine, um sich an der Mutter festzuklammern, die ihre Flügel schützend um das Kleine legt. Fortan wird es gestillt und wächst, an ihren Körper geklammert, noch weiter. Wie ist es überhaupt möglich, einen derart großen Fötus zu gebären?

Bei den meisten Fledermausarten ist das Becken des Männchens ein verwachsener Ring, während das der Weibchen offen ist. Die beiden vorderen Beckenknochen treffen sich nicht wie bei uns, sondern sind lediglich durch ein Ligament aus Bindegewebe miteinander verbunden. Dies führt dazu, dass der Innendurchmesser viel größer ist und das große Junge durch die Öffnung nach draußen gleiten kann.[3]

Fledermäuse schlafen an den Hinterbeinen hängend, und im wachen Zustand fliegen sie oder hängen falsch herum an der Decke. Sie brauchen kein schmales Becken, das ihnen erlaubt, auf den Hinterbeinen zu gehen, und überdies sicherstellt, dass ihre Eingeweide nicht herausrutschen.

Die Fledermausmutter schützt ihr Junges mit den Flügeln. Das Kleine wächst schnell heran. Fledermäuse werden mit Zähnen, starken Daumen und Zehen geboren, mit denen sie sich festhalten können. Sie sind verletzlich, solange ihre Flügel sie noch nicht tragen können, und sie müssen schnell stark werden. Aber nicht nur die Notwendigkeit, schon bald selbst fliegen zu können, bedingt die Größe der Jungen bei der Geburt. Je größer der Körper, desto leichter ist es, die Körperwärme zu regulieren. Das Risiko zu erfrieren wird geringer, je größer die Fledermäuse sind.[4]

Menschenbabys werden ohne Zähne geboren – das Stärkste, was sie haben, ist das Vakuum, das sie erpumpen können, wenn sie die Lippen um die Brustwarze ihrer Mutter legen, um die Milch zum Fließen zu bringen.

Woche 18

Es ist Vormittag im peruanischen Regenwald. Einzelne Sonnenstrahlen fallen durch das dichte Blätterdach, die Luft ist warm und feucht. Zwischen Zweigen und Lianen leben unzählige Organismen, von Bakterien über Pilze und Moose bis hin zu Insekten, Vögeln und Säugetieren. Auf einem Ast sitzt ein kleiner rotbrauner Affe. Sein Körper ist kaum einen halben Meter lang, durch den etwa gleich langen Schwanz wirkt das Tier aber größer. Es ist ein Anden-Springaffe *(Plecturocebus oenanthe)*, ein Weibchen, das bald seine Jungen bekommen wird. Mit der Geburt sind die Mühen des Weibchens dann endlich beendet, denn ab da übernimmt der Vater den Großteil der Arbeit. Die kleine Primatenart, die es nur an wenigen Stellen in Peru gibt, wiegt etwa ein Kilo. Die Tiere leben in einer monogamen, häufig lebenslangen Paarbeziehung. Eine Gruppe setzt sich aus den Elterntieren und einigen Jungen zusammen.[1] Das Weibchen sitzt still auf einem Ast, der braune Körper ist leicht vornübergebeugt. Eine dicke Liane gibt ihm Halt, überdies hat es ringsherum kleinere Zweige, an denen es sich festhalten kann. Es frisst nicht mehr, denn die Geburt hat eingesetzt. Der lange Schwanz hängt nach unten und gibt dem kleinen Körper Balance. Das Männchen kommt zu ihm und säubert sein Fell, wirft aber auch immer wieder einen Blick auf die Vaginalöffnung. Ist das Junge schon zu sehen?

Nach einer Stunde mit deutlich sichtbaren Wehen kommt der Kopf zwischen den Beinen des Weibchens zum Vorschein. Es nimmt ihn vorsichtig entgegen und zwei Minuten später ist der ganze Körper draußen, ohne dass das Weibchen mit den Händen mithilft. Das Neugeborene klammert sich an ihren Schenkel, während das Weibchen den Mutterkuchen aufleckt, der gleich nach dem Baby kommt. Dann rückt das Männchen noch etwas näher und beginnt, das Neugeborene abzulecken. Die beiden anderen Jungtiere der Gruppe, ein neun Monate altes Weibchen und ein 18 Monate altes Männchen, betrachten das neue Familienmitglied aus der Ferne. Vielleicht sind sie neugierig, wer da kommt und von nun an die größte Fürsorge bekommen wird, schließlich werden die älteren Familienmitglieder damit ja ein Stück weit aus dem innersten Familienkreis gestoßen.

Nach ein paar Stunden liegt das Junge an der Brust des Weibchens und bekommt Milch, und am Nachmittag trägt sie es zu ihrem festen Schlafplatz im Bambuswäldchen. Vom nächsten Morgen an ist es aber der Vater, der das Junge trägt, und von da ab gibt er es dem Weibchen nur noch, wenn das Kleine gestillt werden muss. Nur nachts ist es noch konstant bei der Mutter. Es liegt dicht an ihrem Körper und trinkt, wenn es Bedarf hat. Nach zwei Monaten übernimmt der Vater dann aber auch in der Nacht,[2] und nach zweieinhalb Monaten kann das Junge sich selbst frei bewegen und Nahrung zu sich nehmen. Das Männchen trägt es trotzdem noch über längere Distanzen, bis es etwa fünf Monate alt ist.

Kein anderer männlicher Affe kümmert sich so intensiv um seine Jungen wie das Männchen der Anden-Springaffen. Er trägt es herum, putzt es, und sorgt dafür, dass es nicht von den Bäumen fällt, in denen sie leben. Es sieht ihm tief in die Augen, spielt mit ihm und passt auf, dass die älteren Geschwister nicht zu hart mit ihm umgehen. Er kann es nicht stillen, weshalb er die Mutter braucht, aber sonst ist das Junge nach der Geburt etwa neunzig Prozent der Zeit bei ihm. Warum ist es das Männchen, das auf den Nachwuchs aufpasst? Springaffen-Jungen wachsen schnell, und das Weibchen braucht vor und nach der Geburt mehr Zeit, um Insekten zu fangen und zu fressen, da sie dann eine nährstoffreichere Kost als die Früchte und Pflanzen braucht, die die Tiere sonst zu sich nehmen. Durch die Fürsorge des Männchens kann das Weibchen mehr Zeit für die Nahrungssuche aufwenden, und die zusätzliche nährstoffreiche Nahrung hilft ihr, Milch zu produzieren und schnell wieder fit für die nächste Reproduktionsphase zu werden.[3] Der zeitliche Abstand von nur neun Monaten zwischen den Geburten ist ein Resultat der Arbeitsteilung, die so charakteristisch für diese Art ist. Versuche mit Anden-Springaffen in Gefangenschaft zeigen, dass die Jungen deutlich mehr Stresssymptome zeigen, wenn der Vater kurzzeitig aus der Gruppe entfernt wird, als wenn die Mutter fehlt. Er ist die wichtigste Fürsorgeperson, auch wenn er den Jungen keine Milch geben kann.[4]

Ist das Weibchen traurig darüber, dass die Jungen lieber zum Papa wollen, oder freut es sich über die neu gewonnene Freiheit? Ist das Männchen stolz darauf, zu der Art zu gehören, die einer vollkommenen Gleichstellung der Geschlechter weltweit am nächsten kommt, oder fürchtet es um seine Männlichkeit?

Meine Dreijährige ruft mittlerweile etwas seltener nach ihrer »Mamaaaaaa!«, dafür immer häufiger auch nach dem Papa. Ich habe sie getröstet und herumgetragen, habe sie gestillt und gewiegt, und obwohl wir von Anfang an versucht haben, diese Aufgaben zu verteilen, war bis jetzt immer ich es, nach der gerufen wurde, wenn auf eine Schürfwunde gepustet werden musste oder nach einem Buntstift gesucht wurde. Im Moment bin ich nicht mehr auf die gleiche Weise verfügbar, mein Kopf ist woanders und mein Schoß besetzt von einem wachsenden Bauch, weshalb die andere, nicht minder primäre Bezugsperson plötzlich mehr Bedeutung bekommt.

Woche 19

Wenn ich ein Glas Saft trinke und ganz still auf dem Sofa liege, spüre ich manchmal einen leichten Tritt, wie eine Blase, die in meinem Bauch aufsteigt. Mittlerweile erkenne ich darin die Bewegungen des Fötus an einem merkwürdigen Ort in meinem Bauch. Es ist nicht wie eine Berührung auf der Haut, bei der man jederzeit sagen kann, wo man berührt wird. Die Bewegungen des Fötus sind wie ein leichtes Schwappen an einem unspezifischen Ort in der wachsenden Blase in meinem Inneren.

In dem schlammigen Teil eines großen Sees irgendwo in Südamerika liegt etwas, das wie ein lebendiges, halb aufgeblasenes Furzkissen aussieht. Es hat ein schnabelförmiges Maul zwischen zwei hervorragenden Armen und am hinteren Ende zwei Froschschenkel. Das seltsame Wesen ist tatsächlich ein Frosch mit dem irreführenden Namen Große Wabenkröte *(Pipa pipa)*.[1] Irgendetwas im Inneren des Tieres bewegt sich, aber es scheint nicht im Bauch zu passieren.

Bei genauerem Hinsehen erkennt man dann, dass aus dem Rücken des Tieres Froscharme, Froschbeine und hier und da ein kleiner Kopf ragen. Die Jungen schlüpfen aus dem Rücken des Froschweibchens und kämpfen sich aus den Löchern, in denen sie seit der Paarung der Elterntiere gelegen haben. Geschehen ist dies in einem Unterwassertanz mit Saltos und Drehungen, während welchem das Männchen sich an den Rücken des Weibchens geklammert und so dafür gesorgt hat, dass die aus der Kloakenöffnung freigesetzten

Eier befruchtet und fest an ihren Rücken gedrückt wurden. Die Rückenhaut war zu diesem Zeitpunkt bereits geschwollen und bereit, die klebrigen Eier aufzunehmen. Wie mein Ei sich an der Gebärmutterwand festgesetzt hat, haben sich die Eier der Wabenkröte am Rücken des Weibchens festgesetzt. Im Laufe der folgenden Tage hat sich Haut über die Eier geschoben, sodass jedes Ei eine einzelne Kammer bekommen hat. Sie liegen dort schon lange,[2] erst als Eier und dann als kleine Kaulquappen – mit der Welt lediglich durch eine kleine Luke verbunden. Jetzt machen sie die letzte Metamorphose durch und entwickeln sich zu kleinen Fröschen, die bereit sind, ihre Kammern zu verlassen, an die Oberfläche zu schwimmen und ihre Lungen zum ersten Mal mit Luft zu füllen.

Normalerweise legen Frösche ihre Eier im flachen Wasser ab, während das Männchen sich an das Weibchen klammert und seine Spermien auf die Eier gibt. Ab da muss der Nachwuchs allein klarkommen. Erst als Eier, dann als Kaulquappen und schließlich als Miniaturfröschchen, die heranwachsen müssen, bis sie sich schließlich selbst reproduzieren. Die Große Wabenkröte und die Gruppe von Fröschen, zu denen diese Art gehört, machen das anders. Sie leben in Bereichen, in denen die kleinen Wassertümpel häufig einmal austrocknen, weshalb sie als Eiablageort nicht infrage kommen. Und in den dauerhaft vorhandenen Gewässern laufen die Eier Gefahr, von Fischen, Insekten oder anderen Fröschen gefressen zu werden. Da ist es sicherer, die Jungen mit sich herumzutragen und wie ich auf sie aufzupassen. Evolutionär vollkommen unabhängig voneinander haben wir Wege gefunden, unsere heranwachsenden Föten mit unserem eigenen Körper zu schützen.[3] Die Eier der Großen Grabenkröte werden nicht vom Muttertier ernährt, im Gegensatz zu meinem Fötus haben sie keine Nabelschnur. Die Eier des Frosches sitzen ganz oben in den Hautkammern, vermutlich, um Zugang zu genügend Sauerstoff zu haben, da das Muttertier sie über die Haut nicht mit Sauerstoff versorgen kann. Wir können nicht mit Sicherheit ausschließen, dass sie ihnen Nahrung

gibt (wie etwa das Seepferdchenmännchen im Brutbeutel oder der Darwinfrosch im Kehlsack), denn irgendetwas geschieht in diesen Hautkammern. Eier, die sich nicht am Rücken der Mutter festgesetzt haben, sondern frei im Wasser treiben, sterben nach ein paar Tagen ab. Die Kammern auf dem Rücken des Muttertieres haben keinen Mutterkuchen, sie sind keine Gebärmutter, aber evolutionär muss sich dort ein Zusammenspiel zwischen Eiern und Muttertier entwickelt haben, das dazu führt, dass die Eier in den Kammern überleben. Die genauen Mechanismen sind bis heute unbekannt.[4]

Studien der Haut ähnlich verwandter Arten, die ihre Jungen direkt als Kaulquappen und nicht erst als Eier auf die Welt bringen, zeigen, dass beim Einsinken der Eier in die Froschhaut einige der Hormone im Spiel sind, die bei mir dazu geführt haben, dass mein Ei sich an der Gebärmutterwand festgesetzt hat.[5]

Dieselben evolutionären Bausteine machen es mir und der großen Grabenkröte möglich, unsere Jungen mit uns herumzutragen, wenn auch auf unterschiedliche Weise.

Es kommt in der Evolution häufiger dazu, dass ganz unterschiedliche Arten ähnliche Züge entwickeln, wenn sie vor denselben Herausforderungen stehen. Die Flügel von Vögeln und Fledermäusen sind komplett verschieden, ihre Funktion ist aber dieselbe. Sie fliegen mit ihnen und erhalten so die Gelegenheit, den Luftraum zu nutzen und ein anderes Element zu erobern. Mir und der Kröte sind gemein, dass wir unseren Nachwuchs schützen wollen und ihn mit uns herumtragen, statt irgendwo Eier abzulegen. Trotzdem sind wir sehr verschieden, die Kröte legt viele Eier auf einmal und passt nur so lange auf ihre Brut auf, bis sie kleine Frösche sind. Sie ist nach neunzehn Wochen fertig, während ich auf mein Kind auch noch die nächsten neunzehn Jahren aufpassen werde, wenn nicht länger.

Woche 20

Die Eier des Namaqua-Chamäleons schlüpfen. Die kleinen, neugeborenen Chamäleons klettern direkt in die kleinen Büsche, wo sie sicherer sind. Erst wenn sie groß sind, können sie ihr eigenes Territorium verteidigen, sodass sie für eine Weile im Lebensraum der Erwachsenen verbleiben müssen, wo sie, wenn es dumm läuft, von ihrer Mutter gefressen werden. Dies geschieht zwar nicht oft, kommt aber vor. Vielleicht ist es nicht immer leicht, die eigenen Kinder von einer leckeren Mahlzeit zu unterscheiden. Während die Eier in der Höhle herangereift sind, konnte das Weibchen fressen und weitere Gelege ablegen. Es ist unsicher, ob es die Eier bewacht. Die Tatsache, dass einige Chamäleons ihre Eier in der Verlängerung ihrer Schlafhöhle ablegen, könnte darauf hindeuten. Vielleicht ist auch das Patrouillieren des Territoriums eine Art Brutpflege, da es auf diese Weise verhindert, dass Raubtiere die Gelege ausgraben.[1]

Das Namaqua-Chamäleon braucht die Sonne, damit sein Körper sich aufwärmt. Die Tiere sind wechselwarm und produzieren ihre eigene Wärme. Sie können am Morgen bei Sonnenaufgang aber nur langsam aus ihrer Schlafhöhle kriechen und legen sich dann auf die Seite, damit ein möglichst großer Teil ihrer Körperfläche von den Strahlen gewärmt wird. Ihre Haut nimmt dabei eine schwarze Farbe an, um möglichst viel Wärme aufzunehmen. Wenn die Sonne am Mittag am höchsten steht und es zu heiß wird, wird ihre Haut wieder weiß, um das Licht zu reflektieren.

Ich habe eine Heizung in mir, der Fötus in meinem Bauch wirkt konstant wie eine Wärmequelle. Verantwortlich dafür sind Hormone und die verstärkte Durchblutung meiner Haut. Diesen Winter brauche ich keine dicken Kleider, ich kann mit offener Jacke nach draußen gehen und lasse meine Körperwärme nach oben in Richtung Sonne steigen.

Woche 21

Die Schafe *(Ovis aries)* entlang der norwegischen Küste gehören zu einer altnorwegischen Wildschafrasse, die das ganze Jahr über draußen leben kann – sie grasen auf den Heideflächen und kommen weitestgehend allein zurecht. Die Bauern sehen hin und wieder nach ihnen, bringen sie auf andere Weideflächen und stellen ihnen trockene Unterstände zur Verfügung, damit sie Schutz vor Wind und Wetter finden. Im Winter füttern die Bauern zu, sollte dies nötig sein. Überdies achten sie darauf, dass bei der Geburt der Lämmer alles gut geht. Während des langen, dunklen Winters ist der Fötus in der Gebärmutter herangewachsen. Das Schaf hat das Fett aufgebraucht, das es sich im Herbst angefressen hat, damit sein Lamm heranwachsen kann. Das Muttertier wiegt vor dem Lammen etwa so viel wie am Ende des vorangegangenen Sommers, nur dass ein Teil des Gewichtes jetzt das Lamm ausmacht.

Heu und Heide ist Futter, mit dem man überleben, aber kein Fett ansetzen kann. Bald wird der schwere Körper aber endlich wieder frisches Gras bekommen, und dann wird irgendwann auch dieses Lamm geboren werden. Auch vor dem Lammen leben die Schafe in Gruppen zusammen. Die Bewegungen der trächtigen Tiere sind schwerfälliger, doch sobald die Lämmer geboren sind, ist der Körper wieder leichter und sowohl die Muttertiere als auch die Lämmer sind als Fluchttiere darauf eingerichtet, vor Gefahren Reißaus zu nehmen. Sie sind abhängig von ihrer Schnelligkeit, auch direkt nach der Geburt. Die Tiere stehen beim Lammen nicht eng in irgendwelchen Ställen zusammen, sie haben weitläufige Bereiche mit vielen Verstecken zu ihrer Verfügung. Und sie suchen diese Verstecke auch auf, sie sind zahme Tiere mit wilden Instinkten. Das lammende Schaf verlässt die Gruppe und sucht sich einen geschützten Platz, wo es mit dem neugeborenen Lamm vertraut werden kann, ohne von neugierigen Schafstanten oder hungrigen Adlern belästigt zu werden.

In den Stunden vor dem Lammen wechselt das Tier immer wieder von einer stehenden in eine liegende Position. Die Wehen sind deutlich zu erkennen, die Gebärmutter schiebt das Lamm nach draußen, und im Laufe einiger Stunden – das Lammen kann bis zu sechs Stunden dauern – ist der Geburtskanal offen, sodass das Maul und die Vorderklauen des Lamms zu erahnen sind. Bei den letzten Wehen stehen die Muttertiere, dann rutscht das Lamm zu Boden, und die Mutter dreht sich rasch um und leckt die Nase des Lamms frei, damit die Eihaut nicht die Atemwege blockiert.[1]

Alle Tiere stehen unter dem Einfluss von Hormonen, chemischen Substanzen, die die Funktionsweise des Körpers beeinflussen. Östrogene, die wichtig waren, damit das Follikel in meinem Eileiter sich löst und in Richtung Gebärmutter wandert, sind steroide Hormone, die unter anderem die Fruchtbarkeit regulieren. Dies geschieht bei Schafen wie bei Menschen. Der Name der Hormone stammt von dem Verhalten der Schafe ab, wenn sie die Nebenhöhlen voller parasitischer Larven haben.

Verantwortlich dafür ist die Schafbremse, eine Fliege mit dem lateinischen Namen *Oestrus ovis*, die das Schaf als Wirt für seine Larven nutzt. Nachdem eine weibliche Fliege sich gepaart hat, behält sie die Eier im Körper, bis die Larven fertig sind. Dann fliegt sie zu einem Schaf und legt die Larven in die Nasen der Tiere. Dies geschieht so schnell, dass das Schaf es kaum mitbekommt. Innerhalb kürzester Zeit kriechen die kleinen, millimetergroßen Larven in Nase und Nebenhöhlen, wo sie sich am Schleim der Nebenhöhlenwände mästen und heranwachsen, bis sie etwa zwei Zentimeter groß sind. Sind sie reif, kriechen sie aus der Nase, fallen zu Boden und verpuppen sich.[2] Schafe stehen unter Stress, wenn sie das Summen dieser Fliegen hören, sie wollen die Larven nicht in ihren Körpern haben. Unruhig tänzeln sie hin und her, manchmal rennen sie herum, treten aus oder fressen weniger. Die Bauern deuteten dies lang als Anzeichen, dass die Tiere zur Paarung bereit sind, weil die Bewegungen ihrem Verhalten bei der Brunft so ähnlich waren. Brunft heißt auf Englisch *estrus* und hat damit denselben Namen wie die Fliege. Als man die Hormone entdeckte, die für das Brunftverhalten verantwortlich sind, lag die Wahl des Namens damit auf der Hand. Die Hormone wurden auf Englisch »*estrogens*« genannt, auf Deutsch »Östrogene« und folgen damit dem Namen der kleinen Fliege, die die Schafe zu diesem auffälligen Verhalten verleitet.[3]

In meinem Körper findet die Östrogenproduktion, für die anfänglich die Gelbkörper zuständig waren, jetzt im Mutterkuchen statt. In Zusammenarbeit mit dem Körper des Fötus und meinem Körper sendet die Placenta Hormone aus, die dazu führen, dass Gebärmutter und Milchdrüsen wachsen.[4] Auf diese Weise sorgt sie dafür, dass mein Körper dem des Fötus Leben gibt.

Woche 22

Das Weibchen der Pazifischen Riesenkrake spült zum letzten Mal Wasser über seine Eier. Das große, muskulöse Tier mit der rotorangen Haut, die intelligente, immer aktive Jägerin, ist nur noch ein Schatten ihrer selbst. Ihre Haut ist grau verfärbt mit zahlreichen Wunden, und ihre Muskeln haben sich abgebaut, seit sie aufgehört hat, Nahrung zu sich zu nehmen. In den letzten Wochen ist Bewegung in die kleinen Föten in ihren Eiern gekommen. Die winzigen Baby-Kraken drehen sich immer schneller in ihren weichen Eihüllen, die schließlich aufplatzen und die rotorangen, zwei Zentimeter großen, aber voll entwickelten Kraken entlassen. Gleich darauf schwimmen die Jungen aus der Höhle. Mit letzter Kraft bläst ihre Mutter sie aus dem sicheren Versteck ins Freie, wo die zahlreichen jungen Kraken Nahrung finden und selbst Teil der Nahrungskette werden. Die meisten von ihnen werden gefressen werden, nur einige wenige erreichen nach drei Jahren die Laichreife.

In der Höhle hängen die leeren Eihüllen über einem grauen Leichnam. Die Mutter hat für ihre Jungen sprichwörtlich alles gegeben. Ein Krebs nähert sich, er riecht, dass von der Krake keine Gefahr mehr ausgeht. Als Aasfresser wird er nun vertilgen, was noch vor Kurzem eine große Bedrohung für ihn war.

Wenn man sich nur ein einziges Mal reproduziert und dann stirbt, wenn die Jungen geschlüpft sind – ist das dann größer und besser und wichtiger als das, was ich tue? Ich schleppe mich ein zweites Mal durch eine Schwangerschaft, während meine Dreijährige bald vier wird, dabei aber noch genauso viel Fürsorge und Liebe braucht wie zuvor. Sie wird mich noch zwanzig Jahre brauchen, vielleicht noch länger, sollte sie einmal selbst Kinder bekommen. Kraken sind semelpar, ich bin iteropar. Die Begriffe beschreiben die Lebensstrategie, der man folgt. Setzt man alles auf eine Reproduktionskarte, um danach nichts mehr zu haben, für das es sich zu leben lohnt, oder reproduziert man sich langsam und mehrere Male, um dazwischen vielleicht auch einmal etwas mehr Zeit für den Nachwuchs zu haben?

Entfernt man eine kleine Drüse direkt hinter den Augen der Kraken, die unserer Hypophyse entspricht, für das Gehirn wichtig ist und überdies Hormone produziert, sterben die Kraken nicht, nachdem ihre Jungen geschlüpft sind. Dann können sie weiterleben und sich sogar ein weiteres Mal paaren. Die Hormone steuern, dass das Tier stirbt, notwendig ist es nicht.[1]

Semelparität, die explosive Reproduktion mit nachfolgendem Tod, hat sich mehrfach bei Arten entwickelt, die zuvor iteropar waren und vor ihrem Tod mehrfach Nachwuchs bekommen haben.[2] Die meisten Lachse *(Salmo salar)* machen es wie der Krake, genauso wie viele Pflanzen und Insekten, ja sogar die in Australien vorkommende Beuteltiergattung *Antechinus* bekommt nur ein einziges Mal Junge.[3] Es hat seine Vorteile zu sterben. Lachse und Kraken können alle zur Verfügung stehenden Ressourcen nutzen, um eine riesige Menge an Nachkommen zu erzeugen. Sie müssen nichts für das Alter reservieren, sondern sich zum bestmöglichen Zeitpunkt reproduzieren und dabei wirklich alles geben. Semelpare Tiere geben nicht auf halber Strecke auf, wie die Eiderente, und sie nutzen ihre Energie auch nicht, um sich selbst gegen den sich aufdringlichen Fötus zu schützen, wie es bei uns Menschen der Fall ist. Die Evolution hat dazu geführt, dass Arten, deren Leben sich über mehrere Generationen erstrecken, auf unterschiedliche Weisen vorgehen. Maßgebend ist das Genmaterial der Populationen und die Frage, unter welchen Umweltbedingungen sie leben.

Für manche Arten ist es besser, die Reproduktion in einer Runde zu erledigen, bei anderen brauchen die Jungen Fürsorge, damit sie überleben. Die Elterntiere müssen auf sie aufpassen, ihnen helfen, Nahrung zu finden, sie gegen Gefahren schützen, ihnen den Weg zur Schule zeigen und erklären, wie ein Bankautomat funktioniert. In solchen Fällen ist es sinnvoll, die Nachkommen über eine gewisse Zeit zu verteilen.

Die Gründe, warum semelpare Tiere nach der Reproduktion sterben, variieren. Bei Lachsen geht man davon aus, dass der Aufwand, Keimzellen zu produzieren und einen Partner zu finden, so hoch ist, dass der Tod unausweichlich ist,[4] für den Kraken gilt das aber nicht.[5]

Vermutlich haben andere evolutionäre Mechanismen dazu geführt, dass der Krake stirbt, wenn die Jungen aus den Eiern schlüpfen. Die Tiere schrecken vor Kannibalismus nicht zurück, und die winzigen, süßen, rotorangen Krakenbabys mit den großen Augen fressen durchaus auch ihre Geschwister, sollten sie bei den Koordinationsübungen mit ihren Tentakeln eines zu fassen bekommen.

Wenn Elterntiere beim Schlupf der Jungen sterben, ist auf diese Weise garantiert, dass sie nicht ihre eigenen Jungen fressen. Kraken hören nie auf zu wachsen, und würden sie nicht sterben, wäre somit kein Platz für kommende Generationen. Vielleicht ist auch das einer der Gründe dafür, warum die Krakenmama jetzt nicht mehr existiert und ihre Reste von Fischen und Krabben vertilgt wurden.[6]

Während die Krakenmama verschwindet, kehre ich langsam, aber sicher wieder zu den Lebenden zurück. Mein Körper wächst, der Fötus hat noch immer die Kontrolle, aber ich krieche langsam aus der dunklen Höhle, während die Übelkeit mehr und mehr nachlässt. Viermal täglich nehme ich drei verschiedene Medikamente gegen die Übelkeit, sodass ich mittlerweile klar denken kann. Und ich kann meinen Körper auch wieder für mehr nutzen als nur zum Schlafen, Essen und Erbrechen. Der Nebel lichtet sich und ich beginne wieder an der Welt um mich herum teilzunehmen. Bald ist Weihnachten, dann werden die Tage wieder länger und es wird draußen wieder etwas heller. Mehr als die Hälfte dieser Schwangerschaft liegt jetzt hinter mir, und es fühlt sich endlich so an, als könnte ich es schaffen.

Woche 23

Ich bin müde, und mir ist auch noch immer ein bisschen übel, aber meine Kraft reicht gerade so, um meine Kleine aus dem Kindergarten abzuholen. Das System ist aber noch nicht stabil, die kleinste Kleinigkeit kann das Fass zum Überlaufen bringen, und ich übergebe mich wieder. Vollkommene Sicherheit geben mir die Medikamente nicht.

Für den Weg zum Kindergarten brauche ich doppelt so lang wie sonst. Unterwegs muss ich immer wieder anhalten, obwohl es von Tür zu Tür nur ein paar Hundert Meter sind. Nach all der Zeit in geschlossenen Räumen erscheint mir das Tageslicht viel schärfer als sonst. Ich muss mich erst wieder daran gewöhnen, und bis jetzt arbeite ich auch nur wieder stundenweise. Auf dem Weg begegne ich einer anderen Mutter. Sie fragt mich, wie es mir geht, und berichtet, wie toll sie sich in ihrer letzten Schwangerschaft gefühlt hat. Ich fühle mich wie in den Fängen meines Fötus, aber das kann ich ihr nicht sagen.

Vor der Garderobe riecht es nach dreckigen Gummistiefeln, verschwitzter Unterwäsche und stinkenden Socken. Die Gerüche setzen mir zu. Ich atme durch den Mund, damit mir nicht übel wird. Das Bad ist gleich nebenan, und jedes Mal, wenn ich meine Tochter abhole, hoffe ich, dass der kleine Raum frei ist. Wenn meine Dreijährige sich trotzig auf den Boden legt, ihre Jacke nicht anziehen will und ich zu lange in diesem Dunst gefangen bin, meldet sich der Körper. Er protestiert, will den Fötus schützen und zwingt mich in das kleine Kindergartenklo. Ich erbreche mich und höre, wie sich draußen auf dem Flur ein Spielkamerad meiner Tochter über die seltsamen Geräusche wundert. Als ich wieder auf den Flur komme, hat eine der Kindergärtnerinnen mein Kind angezogen und sieht mich mitfühlend an. Ich sehne mich nach Hause und nach meinem Bett, will zurück in meine dunkle Höhle.

Wir gehen gemächlich in Richtung unserer Wohnung. Meine Schritte sind langsam, aber bei Weitem nicht so langsam wie die meiner Tochter. Sie hebt jeden Zweig auf, dreht jeden Stein um, während ich einfach nur nach Hause aufs Sofa will und sehnsüchtig darauf warte, dass mein Partner mir mein eigenes Kind abnimmt, damit ich außer meiner Übelkeit endlich auch Ruhe bekomme.

Die Thomson-Gazelle *(Eudorcas thomsonii)* bringt ihre Jungen nach 23 Wochen zur Welt.[1] Sie ist eines der schnellsten Tiere der Welt und erreicht bis zu 90 km pro Stunde. Die Gazelle ist damit nur etwas langsamer als ihr schlimmster Feind, der Gepard. Das schlanke, kleine Tier – die Gazelle ist etwas größer als ein Golden Retriever, aber nur halb so schwer – ist sichtbar trächtig. Trotzdem sieht es anders aus als beim Menschen. Der Bauch des Weibchens dehnt sich etwas mehr als sonst aus und das Tier wirkt insgesamt etwas schwerer, die Beine sind aber noch immer lang und schlank. Es hat die Ohren mit dem schwarz-weißen Muster im Inneren wachsam aufgestellt und sieht auch noch bei der Geburt wie eine Ballerina aus. Das Weibchen sondert sich etwas von der Herde ab und sucht Bereiche mit etwas höherer Vegetation auf, in dem ihr Junges sich besser verstecken kann.

Es gebiert das Junge im Stehen, sodass es schwer zu Boden fällt. Im Gegensatz zu vielen anderen Paarhufern kann das Junge nicht gleich laufen. Die Thomson-Gazellen haben die Strategie, ihren Nachwuchs im hohen Gras zu verstecken, wo er darauf wartet, gestillt zu werden. Während die Jungen anderer Arten den Elterntieren und der Herde direkt folgen können, setzen die Jungen der Thomson-Gazelle darauf, eine Weile in ihrem Versteck zu bleiben.

Die Mutter bleibt in der Nähe und passt auf, hält aber genügend Abstand, um keine Raubtiere auf das Kalb aufmerksam zu machen. Die Sterblichkeit der Kälber ist bei vielen Gazellenarten hoch. Mindestens fünfzig Prozent der Jungtiere fallen Raubtieren zum Opfer.

Mit der Zeit bewegt das Kalb sich mehr und mehr, und irgendwann holt die Mutter es in den Schutz der Herde. Bis dahin tut es aber gut daran, still liegen zu bleiben und darauf zu hoffen, dass kein Raubtier es erschnuppert.[2]

Ich bin keine Ballerina, und ich fühle mich ganz sicher nicht wie eine Gazelle, kann mich aber damit trösten, dass die Sterblichkeit menschlicher Säuglinge weit geringer als fünfzig Prozent ist. Und ich muss auch nicht schnell vor irgendwelchen Raubtieren weglaufen, ich bekomme meinen Körper zurück, wenn mein Kind geboren ist. Dann werde ich mein Leben wieder meistern können, werde eine berufstätige, zweifache Mutter sein, meine Kinder vom Kindergarten abholen, Mittagessen kochen und meinen Hobbys nachgehen.[3]

Woche 24

Im Wedellmeer, einem Randmeer des Südlichen Ozeans am antarktischen Kontinent, befinden sich in einem Areal etwa doppelt so groß wie Paris dicht an dicht Nester am Meeresboden.[1] Es ist das Brutgebiet des Ionahs Eisfisch, eines antarktischen Eisfisches *(Neopagetopsis ionah)*. Ein Männchen bewacht sein Gelege und schwimmt dicht über eines der rund 60 Millionen Nester. Unter ihm liegen 1700 Eier in einem Steinnest in einer Vertiefung im Meeresboden, die der Fisch mit seinem verlängerten schaufelartigen Unterkiefer gegraben hat. Das Männchen passt darauf auf, dass die Eier nicht gefressen werden, es reinigt sie von Partikeln und Parasiten und verfolgt, wie die Jungen sich entwickeln.[2]

Die riesige Eisfisch-Kolonie wurde 2021 durch Zufall entdeckt. Es ist die weltweit größte Kolonie von Fischnestern, erschaffen von einer Art, über die wir noch wenig wissen. Auch das Element, in dem die Tiere leben, ist für uns nur schwer zu verstehen. Wir können im Meer nicht atmen, und wir sterben von dem Druck, der in größeren Wassertiefen herrscht. Mehr als achtzig Prozent der Weltmeere sind noch unerforscht. Wir haben mehr von der Mondoberfläche kartiert als von den Meeresböden auf unserem eigenen Planeten.[3] Noch heute kann eine Forschungsexpedition eine riesige Stadt am Grunde des Meeres entdecken, eine Gesellschaft aus Fischvätern, die auf ihre Eier aufpassen.

Um unseren Fisch herum liegen unzählige weitere Nester, die von anderen Männchen bewacht werden. Viele sind bereits verstorben. Die lange Brutzeit von drei bis sechs Monaten[4] setzt den Fischen zu, und zahlreiche Leichen zersetzen sich langsam am Meeresboden, wenn sie nicht schon von Seehunden oder anderen Organismen gefressen wurden, mit denen sie sich den Lebensraum teilen.

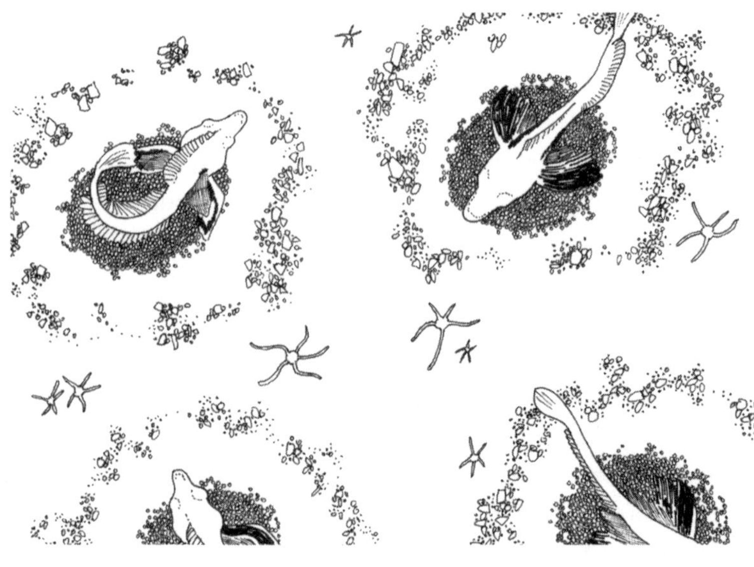

Ich sitze in meinem Nest, einer Wohnung in Oslo, umgeben von vielen anderen Wohnungen. In dieser Stadt leben mehr als 600 000 Menschen, trotzdem werden jedes Jahr nur etwa 10 000 Kinder geboren. Die Nester sind nicht nur für die Eier da, und es fühlt sich so an, als wohnt der nächste Mitbrüter ganz schön weit entfernt.

Woche 25

Vor 75 Millionen Jahren kämpfte sich in der heutigen Gegend von Montana in den USA bis Alberta in Kanada eine kleine Schar von Schnabel-Dinosaurierjungen der Art *Hypacrosaurus stebingeri* aus ihren hügelförmigen Nestern,[1] die geschützt von Farnkräutern irgendwo in einem Mischwald aus Nadel- und Laubbäumen liegen. Die Eier sind von Mikroorganismen in der Erde warmgehalten worden, die das organische Material, aus dem das Nest besteht, zersetzt haben. Das Prinzip kennen wir schon von dem Buschhuhn in Australien.[2] Sein Ei wiegt unmittelbar vor dem Schlüpfen etwa vier Kilo.[3] Der junge Dino ist nach dem Schlüpfen, wenn er noch im Nest ist, etwa 1,5 Meter lang.[4] Im Laufe seines Lebens wird er etwa neun Meter erreichen und gut dreizehn Jahre alt werden.[5]

H. stebingeri war ein Pflanzenfresser mit langem Schwanz, kräftigen Hinterbeinen und kürzeren Vorderläufen. Auf dem Kopf hatte er einen knöchernen, innen hohlen Kamm. Vielleicht konnte er damit Geräusche erzeugen, vielleicht war der Kamm aber auch nur ein Erkennungsmerkmal für andere Dinosaurier. Das Maul sah wie ein kurzer Schnabel aus, daher der Name des Tieres, es war aber kein Schnabel, denn im Maul hatten die Saurier eine ganze Batterie von Zähnen, die Pflanzenfasern und Zellen zermahlen konnten.

Ist der kleine Dinosaurier auf ein erwachsenes Tier gestoßen, als er das Nest verlassen hat? Hat eine Mama oder ein Papa dafür gesorgt, dass er nicht von Raubtieren gefressen wird? Haben sie ihm gezeigt, was er essen kann und wie man als Dinosaurier sein Leben lebt? Welches der Elterntiere hat das Nest gebaut, und haben sie sich die Erziehung geteilt oder die Kleinen sich selbst überlassen und ihre Kräfte genutzt, um neue Nachkommen zu zeugen? All diese Fragen können wir nicht beantworten.

Ein anderes Mitglied der Schnabel-Dinosauriergruppe, *Maiasaura peeblesorum*, hat aber vermutlich auf seinen Nachwuchs aufgepasst. Die Gruppe der Maiasaura lebte zeitlich etwas vor *H. stebingeri*. Das Wort Maia stammt aus dem Griechischen und bedeutet »gute Mutter«. Die Saurier haben diesen Namen bekommen, weil man Fossilien von erwachsenen Tieren an einem Nest mit Eiern und frisch geschlüpften Sauriern gefunden hat. Die Eier von *M. peeblesorum* waren zum Zeitpunkt des Schlüpfens etwas kleiner als die von *H. stebingeri*. Ein frisch geschlüpfter Maia-Saurier wog etwa ein Kilo,[6] weshalb die Brutzeit vermutlich auch etwas kürzer als beim größeren *H. stebingeri* war. Es sind Nester mit mehreren Maia-Saurierjungen gefunden worden. Sie waren auch in Gesellschaft von halbwüchsigen Tieren, die bereits pflanzliche Nahrung zu sich genommen haben. Vermutlich sind diese Jungtiere bewacht worden, um sie vor Gefahren und Raubtieren zu schützen. Warum sonst sollten sie sich noch in der Nähe der Nester aufhalten?[7]

War das Nest wie ein Kindergarten, haben die Eltern ihre Kleinen dort abgeliefert, bevor sie auf Nahrungssuche gingen, genau wie wir? Haben die Jungen in den Nestern ihren eigenen Humor entwickelt, ihre eigene Kultur, wie es bei meiner Dreijährigen der Fall ist, die mir immer wieder irgendwelche Witze erzählt? Gab es Freundschaften unter den jungen Sauriern? Und hatten die größeren Tiere so etwas wie eine Vorschule, um mehr über das Leben zu lernen?

Hat die Maiasaurier-Mutter das Nest wie das Krokodilweibchen bewacht, schließlich sind sie ja über viele Ecken hinweg miteinander verwandt?

Dinosaurier haben ihre Eier und Föten auf verschiedene Weisen umsorgt, ähnlich wie es die Vögel, die Nachkommen einiger

Saurierarten, es noch heute tun. Sie lebten über so viele Millionen Jahre hinweg und waren eine derart vielfältige Gruppe, dass man die Dinosaurier unmöglich über einen Kamm scheren kann. Schließlich basiert unser Wissen aus Funden nur weniger Arten. Einige Dinosaurier haben Eier mit harter Schale gelegt, bei anderen waren die Eihüllen weich und lederartig. Es gibt Fossilfunde von Nestern ohne erwachsene Tiere in der Nähe, während andere Arten wiederum in der Nähe ihrer Nester gefunden wurden. Einige haben wie die heutigen Vögel sogar auf ihren Nestern gelegen. Vielleicht entdecken wir eines Tages einen Kuckuckssaurier, der seine Eier in die Nester der anderen gelegt hat, wie es der Kuckuck und der Kuckucks-Fiederbartwels noch heute tun.[8]

Woche 26

Das Braunkehl-Faultier *(Bradypus variegatus)* ist trächtig und wird bald seine Jungen gebären. Wie fast alles im Leben der Faultiere wird auch dies an einem Baum hängend vor sich gehen. Auf den Boden geht das Tier nur zum Koten, und obwohl da durchaus Ähnlichkeiten zu einer Geburt bestehen, bleibt das Tier für letztere im Baum. Nach einem halben Jahr ist der Fötus endlich ausgewachsen. Die Tiere leben in den Wäldern von Mittel- und Südamerika und sind mit ihrem braungrünen Fell zwischen den Stämmen kaum zu sehen. Nur das kleine, weiße Gesicht mit den zwei Panda-artigen schwarzen Flecken um die Augen hebt sich vom Rest ab.

Es ist nicht leicht zu erkennen, ob ein Faultier trächtig ist. Das Weibchen bekommt keinen sonderlich dicken Bauch. Doch kaum ist das Jungtier geboren, nutzt es seine Mutter über Monate hinweg als Hängematte, und dann sind die Kleinen gut zu sehen.

Bei der Geburt hängt das Tier waagerecht an einem Zweig und klammert sich mit seinen langen, krummen Klauen fest. Das Junge landet auf dem Bauch des Weibchens, wobei das Muttertier mit einem Arm ein wenig nachhilft. Wir würden es niemals schaffen, uns so lange festzuhalten, aber die Faultiere sind für dieses Leben geschaffen. Ihre Fingerknochen bilden gemeinsam mit den Nägeln gewaltige Klauen, mit denen sie sich ohne großen Kraftaufwand festklammern können.

Das kleine Baby hat offene Ohren und Augen. Gestillt wird es nur in den nächsten vier Wochen, obwohl es ganze sechs Monate vom Muttertier herumgetragen werden wird.[1]

Das Braunkehl-Faultier ernährt sich von den Blättern einiger weniger Bäume. Diese Blätter sind allerdings so nährstoffarm und schwer verdaulich, dass das Leben dieses Tieres von Langsamkeit geprägt ist. Um den langsamen Körper bei niedrigen Temperaturen aufzuwärmen, braucht es fast wie kaltblütige Tiere die Sonne. Mit seiner geringen Körpergröße – das Weibchen wird nur maximal 6,3 Kilogramm schwer – ist es oben in den dünnen Zweigen gut geschützt vor schwereren Raubtieren. Es lebt aber nicht sein ganzes Leben dort, einmal in der Woche klettert es langsam nach unten ins Reich der Feinde, um zu koten. Warum setzen die Faultiere sich dieser Gefahr aus? Wäre es nicht logischer, zum Gebären auf den

Boden zu gehen, um keine Gefahr zu laufen, dass der Nachwuchs in die Tiefe fällt?[2]

Weshalb die Tiere ihren Kot vorsichtig am Boden ablegen, hat mit ihrem Fell zu tun. Der Grünstich darin kommt nämlich von einer Alge, die darin wächst und den Tieren Schutz und zusätzliche Nahrung gibt. Die Faultiere können diese Algen fressen und damit Nährstoffe aufnehmen, die sie über Blätter nicht erhalten.[3] Im Fell lebt darüber hinaus eine Vielzahl von Kleinschmetterlingen *(Microlepidoptera)*, und diese Mitbewohner brauchen den Kot der Faultiere zur Vermehrung. Wenn das Faultier endlich am Boden ist und die unverdaulichen Reste der Blätter von sich gibt, fliegen die Schmetterlinge aus dem Fell, um ihre Eier in den Kot zu legen. Die kleinen Eier werden zu Larven, die den Kot fressen, bevor sie eine Metamorphose durchlaufen und zu neuen Schmetterlingen werden, die sich schließlich wieder im Fell der Faultiere einnisten.

Die Schmetterlinge wohnen, paaren sich und sterben im Fell der Tiere und geben den Algen Nahrung, die das Faultier zum Überleben braucht, da es sonst nicht genug Nährstoffe bekommt. Die Algen ihrerseits brauchen die Schmetterlinge, und für die Schmetterlinge ist es wichtig, dass die Faultiere auf eine Weise koten, die es ihnen ermöglicht, zum Kot zu fliegen, die Eier abzulegen und wieder zurück in das Fell der Tiere zu fliegen.[4] Vielleicht legt das Faultier seinen Kot deshalb am Boden ab, während es die Sicherheit der Baumkronen sucht, um seinen Nachwuchs auf die Welt zu bringen.

Das Junge auf dem Bauch der Mutter bekommt von ihr nicht nur die Milch, sondern auch die Kleinschmetterlinge und Algen, bevor es seinen eigenen Weg geht, wenn seine Mutter ein Jahr später das nächste Junge bekommt.

Woche 27

Unweit des weltgrößten Mahlstroms, des Saltstraumen bei Bodø in Nord-Norwegen, liegt ein Gestreifter Seewolf *(Anarhichas lupus)* am Boden und bewacht einen Ei-Ballen aus mehreren Tausend miteinander verklebten Eiern. Die Gezeiten pressen die Wassermassen hier durch einen engen Sund und liefern so Sauerstoff und viele Nährstoffe, die die Grundlage für die hohe Artenvielfalt geben, die hier dokumentiert ist. Am oberen Ende der Nahrungskette findet sich der Gestreifte Seewolf mit den scharfen Zähnen und starken Kiefern. Der Fisch sieht konstant schlecht gelaunt aus, die Mundwinkel zeigen nach unten und die Zähne ragen aus dem Maul. Die graublaue Haut ist bei dem Männchen etwas fahler als sonst, eine typische Folge von Erschöpfung.

Das Männchen liegt still um den Ei-Ballen geschlungen. Es bewacht das Gelege jetzt schon lange. Mittlerweile bewegen sich die Larven in den Eiern mehr und mehr, und bald werden die Eihüllen aufplatzen und die kleinen Fischchen nach draußen schwimmen. Über viele Jahre hinweg hat der Vater eine Höhle unter einem großen Stein gegraben und Kies und Schlamm entfernt. In den letzten Monaten ist die Arbeit dann belohnt worden, denn so konnte er in Ruhe die Eier bewachen, ohne Gefahr zu laufen, dass diese von anderen Fischen gefressen wurden.

Die Augen der kleinen Fischchen sind durch die Eihüllen deutlich zu erkennen. Sie haben sogar schon Zähne, zehren aber noch immer vom Dottersack, bis sie selbst Nahrung aufnehmen können.

Das Männchen bewacht die Eier, seit diese vor sieben Monaten vom Weibchen gelegt wurden, und hat seither nicht gefressen.[1] Während des langen Winters hat der Fisch still dagelegen, hat nichts zu sich genommen, sondern lediglich mal die Position gewechselt und dafür gesorgt, dass die Eier nicht von Krebsen oder Fischen gefressen werden. Mehrere Monate hat er gemeinsam mit dem Weibchen in der Höhle gelegen, seit dieses im Frühjahr vor beinahe einem Dreivierteljahr aus tieferen Meeresregionen in Küstennähe gekommen ist. Seewolfpaare finden jedes Jahr wieder neu zusammen, trotzdem muss der Partner immer wieder neu umworben werden.

Die Höhle gehört dem Männchen, und vielleicht hat dieses es seinen baulichen Fähigkeiten zu verdanken, dass es vom Weibchen ausgewählt wurde. Es ist aber auch möglich, dass das Männchen die Wahl trifft und sich mehrere Weibchen ihm angeboten haben. Details kennen wir nicht, bekannt ist nur, dass die Paare nach einigen Tagen der Umwerbung lange zusammenbleiben, bevor das Weibchen die Eier legt. Die Fische liegen dafür im Schutz der Höhle, die sie vorher von anderen Tieren befreit haben, dicht beieinander. Manchmal nehmen sie für ihr romantisches Date sogar Fressen mit in ihren Unterschlupf. Wenn die Zeit gekommen ist, befruchtet das Männchen die Eier intern – wie genau das vor sich geht, wissen wir nicht – aber irgendwie muss das Sperma in den Bauch des Weibchens gelangen, bevor dieses die Eier in Form eines großen, verklebten Ei-Ballens von sich gibt. Anschließend bekommt das Männchen die Verantwortung übertragen. Das Weibchen hat seine Arbeit gemacht und seine Kräfte aufgebraucht, und wie das Weibchen der Kaiserpinguine verlässt es das Männchen und zieht in tiefere Regionen zurück, um zu fressen, bis es irgendwann für die Paarung zurückkehrt. Im Saltstraumen sind Seewolfpaare dokumentiert, die seit mehreren Jahren immer wieder zusammenkommen. Das Wissen über diese Tiere ist aber noch sehr lückenhaft. Die Forschung konzentriert sich eher auf die Frage, wie man diese Fische in Aufzuchtanlagen züchten kann, um sie als

Nahrung nutzen zu können, wie man sie in Gefangenschaft paaren kann und ob die Aufzucht der Eier auch ohne Männchen möglich ist. Nicht erforscht wird, warum ein Weibchen ein bestimmtes Männchen auswählt, wie und warum sie die Fürsorgearbeit aufteilen und wie auszehrend es ist, für die heranwachsende Generation zuständig zu sein.

Kommuniziert das Seewolfmännchen mit anderen Männchen in benachbarten Höhlen über die anstrengende Brutzeit? Sagt das Weibchen zum Männchen, dass diese Brutpflege keine Krankheit ist und es sich zusammenreißen und seinen Job machen soll? Streiten sie darüber, ob es anstrengender ist, Eier zu legen oder anschließend auf diese aufzupassen?

Ich bin wie das Seewolfmännchen, muss meine Jungen ausbrüten und meine Aktivitäten einschränken, während mein Partner sein Leben leben kann. Mein Partner verlässt mich nicht, er sorgt und kocht für mich, aber er geht auch mal ins Kino, trifft sich mit Freunden, um ein Bier zu trinken, hält Vorträge auf der Arbeit und geht mit unserer Dreijährigen auf den Spielplatz. Seine Tage sind normal, während mein Leben an mir vorbeirauscht. Die Schwangerschaft ist wie ein Moor, in dem ich feststecke und aus dem ich nicht wieder rauskomme. Die Uhr tickt, aber meine Zeit steht still.

Ich habe mehr mit dem Seewolfmännchen oder dem Seepferdchenmann gemeinsam als mit den Weibchen dieser Arten. Aber sind das seltene Beispiele für Superväter oder gewichten wir ihre Geschlechterrollen, basierend auf den Keimzellen, die sie produzieren, zu stark? Wenn ich an das Seewolfpaar denke, stelle ich mir automatisch vor, dass er auf sie aufpasst und der Aggressivere sein würde, sollten sie attackiert werden. Ich glaube, dass sie die Ruhigere ist, die Vorsichtigere, mehr darauf bedacht, ihren Körper und ihre Eier zu schützen. Dabei habe ich keine Ahnung, wie diese Fische ihre Leben leben. Ich kann mir nicht vorstellen, wie es ist, mit Kiemen statt mit Lungen zu atmen, Hunderte Meter unter Wasser zu schwimmen und Tausende von Kindern auf einmal auf die

Welt zu bringen, diese dann aber nie zu Gesicht zu bekommen, wenn sie erst geschlüpft sind. Oder ist es nur natürlich, dass alle Männchen unabhängig von ihrer Art eine bestimmte Rolle haben und die Weibchen eine andere? Die Evolution hat unendliche viele unterschiedliche Arten hervorgebracht. Man bedenke nur, wie verschieden Fische und Menschen sind. Es ist schon seltsam, dass wir das als natürlich akzeptieren und gleichzeitig darauf bestehen, dass sich Männchen und Weibchen nicht unterschiedlich entwickeln können, weder innerhalb einer Art noch zwischen den verschiedenen Arten. Wir nehmen an, dass alle anderen uns in Bezug aufs Geschlecht ähnlich sind, und picken die Arten als die großen, besonderen Ausnahmen heraus, von denen wir wissen, dass sie anders sind als wir, wie das trächtige Seepferdmännchen oder das australische Buschhuhn, bei denen die Männchen die Eier bewachen.

Es ist so einfach, die Natur um uns herum und uns selbst im Licht unserer eigenen Vorstellung und Geschlechterrollen zu sehen. Vielleicht sollten wir statt von Männchen und Weibchen von Wesen mit großen und kleinen Keimzellen sprechen. Natürlich kommt einem das etwas schwieriger über die Lippen, im Gegenzug sind damit dann aber auch weniger Vorstellungen und Erwartungen verbunden, wie die verschiedenen Tiere tatsächlich ihre Leben gestalten und sich reproduzieren. Worte sind allerdings nie frei von kulturellen Bedeutungen, sie sind immer irgendwie geladen. Vielleicht reichen neue Ausdrücke nicht aus, um die Ähnlichkeit zwischen dem Seewolfweibchen und mir zu beschreiben. Und schließlich beschränkt diese sich ja auch darauf, dass wir beide ein Rückgrat, Zähne und Augen haben und große Keimzellen produzieren.

Es ist nicht leicht zu verstehen, dass ein Geschlechterverständnis, das sich für uns wahr und richtig anfühlt, eventuell gar nicht zutrifft, weder für andere Menschen noch für andere Arten.

Woche 28

Wenn ein Weibchen der Hanuman-Languren *(Semnopithecus spp.)* Nachwuchs bekommt, halten sich viele Männchen für den Vater. Das weibliche Tier hat nämlich dafür gesorgt, sich mit so vielen Männchen wie nur möglich zu paaren. Das kleine Schlankaffenbaby, das sich im Fell festklammert und nach der Brust seiner Mutter sucht, ist dadurch sicherer. Seine Mutter hat alles getan, um zu verhindern, dass die Männchen in seiner Nähe das Baby töten.

Hanuman-Languren geben ihre Babys gerne in die Obhut anderer Weibchen innerhalb der Gruppe, in der sie leben. Männchen, die sich nähern und versuchen, das Baby zu nehmen, tun dies in der Regel aber nicht aus Fürsorge, sondern um das Kleine zu töten.[1] Was treibt sie an? Das Verhalten der kleinen indischen Schlankaffenart mit dem langen Schwanz, dem schwarzen Gesicht und dem graubraunen Fell war lange ein Rätsel. Dabei ist schon lange bekannt, dass Hanuman-Languren-Männchen neugeborene Junge töten. Anfangs ging man davon aus, dass das Töten der Nachkommen der eigenen Art – man spricht dabei von Infantizid – nur vorkommt, wenn zu viele Jungtiere für die zur Verfügung stehende Nahrung geboren wurden. Für die Forschenden war dieses Verhalten verstörend und unangenehm – es bringt der eigenen Gruppe doch keine Vorteile, wenn die Nachkommen sterben? Später stellte sich heraus, dass einzelne Männchen durchaus einen Vorteil daraus ziehen können.

Die Anthropologin und Primatologin Sarah Blaffer Hrdy wies in den 70er-Jahren nach, dass die Männchen die Jungtiere töten, um sich mit den Muttertieren paaren zu können. Ein stillendes Weibchen kommt in der Regel nicht wieder in die Brunft, hört es mit dem Stillen aber auf, weil ihr Baby stirbt oder es groß genug ist und keine Milch mehr braucht, bekommt sie rasch wieder einen Eisprung. Ein Männchen, das Jungtiere tötet, von denen er weiß, dass es nicht die seinen sind, erhält somit die Möglichkeit, sich zu paaren, womit dann seine Gene und nicht die eines anderen weitergegeben werden. Männchen, die neu in eine Gruppe kommen oder diese übernehmen, sind für die Jungtiere besonders gefährlich. Sie haben nichts zu verlieren und können nur gewinnen, wenn die Weibchen ihre Energie nicht für den Nachwuchs anderer Männchen verbrauchen, sondern stattdessen wieder paarungswillig sind und von ihnen selbst befruchtet werden können. Nachdem Hrdy entdeckt hatte, warum die Hanuman-Languren Jungtiere töten, ist dasselbe Phänomen auch bei einer Reihe von anderen Arten nachgewiesen worden, so zum Beispiel bei Löwen *(Panthera leo)*.

Hrdy forschte weiter. Sie wollte wissen, wie die Weibchen damit umgehen. Ihre Beobachtungen zeigten, dass die weiblichen Tiere keine passiven Zuschauerinnen der brutalen Morde sind, sondern eigene Strategien entwickelt haben, um das Überleben ihrer Jungen zu sichern. Sie haben sich zu größeren Weibchengruppen zusammengeschlossen und versuchen gemeinsam, fremde Männchen zu verjagen. Des Weiteren paaren sich die brünstigen Weibchen mit so vielen Männchen wie nur möglich. Hrdy fand bei ihren Studien heraus, dass dies nicht nur für die Männchen der eigenen Gruppe gilt, sondern dass die Weibchen sich auch von ihren Gruppen fortstehlen, um sich mit Männchen anderer Gruppen zu paaren, obwohl sie damit ein Risiko eingehen, sollten die Männchen der eigenen Gruppe dies bemerken. Die Erklärung für dieses Phänomen ist einfach, denn ein Männchen kann sich nie sicher sein, dass der Nachwuchs eines Weibchens, mit dem es sich gepaart hat, nicht von ihm ist. Somit reduziert sich das Risiko, dass das Junge getötet wird.

Löwinnen gehen ähnlich vor. Sie paaren sich im Laufe einer Brunftperiode bis zu hundert Mal mit Männchen sowohl ihres als auch fremder Rudel.[2]

Als Hrdy in den 70er-Jahren ihre Forschungsergebnisse publizierte, löste dies eine Welle von Beobachtungen anderer weiblicher Wissenschaftlerinnen aus. Die Frauen, die selbst gegen Erwartungen und Vorstellungen darüber ankämpfen mussten, wie sie zu leben hatten, sahen das Verhalten von Männchen und Weibchen aus einer anderen als der bis dato gültigen Perspektive. Sowohl vor als auch nach Darwin waren Forschung und Naturstudien fest in der Hand weißer Männer aus vermögenden Familien. Sie entdeckten zweifellos viele interessante und wichtige Sachverhalte, ihr persönlicher Hintergrund setzte aber Grenzen für Perspektiven, die die herkömmlichen Vorstellungen von Geschlechtern und Geschlechterrollen bei den studierten Arten herausforderten. Hrdys Entdeckungen waren bahnbrechend für das Wissen, das wir heute über Geschlechter, Fürsorge, Monogamie und Evolution haben. Sie helfen uns auch heute noch, die Natur mit anderen Augen zu sehen und Erkenntnisse zu gewinnen, die wir bislang nicht für möglich gehalten hatten. Je größer die Vielfalt der Geschlechter, Sexualitäten, Ethnien und Klassen sind, die die Forschenden repräsentieren, desto mehr herkömmliche Vorstellungen werden infrage gestellt.

Das Weibchen der Hanuman-Languren hat die lange Tragezeit endlich hinter sich. Es paart sich nicht mehr und muss sein Baby, das seine Bewegungsfreiheit deulich eingeschränkt hat, auch nicht mehr in seinem Bauch herumtragen. Seine Arbeit ist damit aber noch nicht erledigt. Vor der Affenmutter liegen dreizehn Monate, in denen das Jungtier gestillt wird, auch wenn es bereits nach sechs Wochen beginnt, feste Nahrung zu sich zu nehmen. Diese Arbeit leistet das Weibchen aber nicht allein. Ihre Gruppe besteht aus Verwandten: Mutter, Großmutter, Schwestern, Tanten und Nichten. Alle passen sie auf die Jungtiere auf. Eine Bedrohung sind nur die fremden Männchen. Schwestern, Tanten und Großmütter wechseln sich mit der Wache ab, und schon von seinem ersten Lebenstag an kümmern sich bis zu einem halben Tag lang andere Weibchen als die eigene Mutter um das Baby.[3]

Woche 29

Wir Menschen helfen uns auf vergleichbare Weise. Es ist Wochenende und unser Zeitplan geht wieder einmal nicht auf. Mein Partner muss arbeiten, der Kindergarten ist geschlossen, und die Vorstellung, mich trotz meiner Übelkeit acht Stunden um mein Kind kümmern zu müssen, überfordert mich. Vielleicht muss ich mich übergeben, mich ausruhen, und richtig bewegen kann ich mich mit dem Kind im Bauch auch nicht. Zum Glück kommt meine Mutter, um mich zu unterstützen. Sie hat Energie, ist voller Pläne, verspricht der Kleinen ein süßes Teilchen und macht sich mit ihr auf, während die Augen meiner Dreijährigen vor Vorfreude glänzen.

Ich lege mich aufs Sofa, ich sollte aufstehen und die verwelkte Zimmerpflanze hinter mir endlich wegschmeißen, aber mir fehlt die Kraft. Es gibt Grenzen dafür, um wie viele Lebewesen ich mich zurzeit kümmern kann, Priorität haben das Kind, das ich habe, und das, das bald kommen wird. Die Pflanzen stehen allenfalls ganz unten auf der Liste. Mit etwas Hilfe kann ich mich um mein Ungeborenes und meine Dreijährige kümmern, ich darf mich nicht nur um ein Kind kümmern und das andere sterben lassen, wie es der Blaufußtölpel *(Sula nebouxii)* auf den Galapagos-Inseln tut. Er füttert nur das größere seiner Jungen und lässt das andere verenden.[1]

Meine Mutter ist ein evolutionäres Rätsel. Sie ist nicht mehr im reproduktiven Alter, hat die Wechseljahre erreicht, ist nach menschlicher Zeitrechnung aber nicht alt. Hoffentlich wird sie noch viele Jahre leben.

Nach dem Ende der reproduktiven Zeit noch viele Jahre weiterzuleben, ist eine beim Menschen ausgeprägte Besonderheit, die wir nur mit sehr wenigen anderen Arten teilen. Das gibt es sonst nur bei Walen und einer kleinen Blattlausart. Noch rätselhafter wird die Sache dadurch, dass diese Eigenschaft nicht einmal bei unseren nächsten Verwandten, den Menschenaffen, zu finden ist. Warum gibt es sie nur bei uns?

Der älteste bekannte Wildvogel der Welt, ein Laysanalalbatros *(Phoebastria immutabilis)* wurde 1956 beringt. Später erhielt er den Namen »Wisdom«. Es ist ein Weibchen, das noch Ende 2020 Eier gelegt hat und auch 2022 wieder an seinem festen Brutplatz beobachtet wurde.[2] Zu diesem Zeitpunkt war der Vogel mindestens 71 Jahre alt. Dieses Albatrosweibchen ist älter als meine Mutter und hat deutlich mehr Junge großgezogen als sie, trotzdem legt es noch immer Eier und gibt seine Gene an neue Generationen weiter. Warum tut meine Mutter das nicht, warum nutzt sie ihre Energie nicht für eigenen Nachwuchs, sondern kümmert sich stattdessen um ihre Kinder und Enkel? Dass die Großmütter in der Nähe leben, findet sich nicht nur bei uns Menschen, das Besondere bei uns ist, dass sie selbst keinen Nachwuchs mehr bekommen. Beim afrikanischen Elefanten *(Loxodonta africana)* haben die Großmütter höchsten Status, das älteste Weibchen führt die Herde an, es hat in einem langen Leben schließlich reichlich Erfahrungen gesammelt und findet sichere Orte mit Nahrung und Wasser. Es hilft den Erstgebärenden der Herde und zeigt ihnen, wie sie sich um ihre Jungen kümmern müssen. Sie ist das Gedächtnis einer Gesellschaft, in der die Weibchen mit ihrem Nachwuchs zusammenleben, während die Bullen sich in eigenen Herden sammeln, sobald sie selbstständig sind. Eine Elefantengroßmutter in der Herde garantiert, dass mehr Kälber überleben und die Tochtergeneration mehr Kälber zur Welt bringt.[3] Man sollte meine, es sei Arbeit genug, eine Herde anzuführen, aber auch die Großmütter reproduzieren sich noch, bis sie irgendwann sterben.[4]

Die kleine japanische Blattlausart *Quadrartus yoshinomiyai* ist eine der wenigen Arten, die es wie wir machen: Sie stellt die Reproduktion lange vor ihrem Tod ein. Blattläuse haben ein kompliziertes Leben. Generationen wechseln sich zwischen normaler Reproduktion und Parthenogenese ab, wie etwa beim Wasserfloh oder dem Komodowaran. Es beginnt mit einer geflügelten Blattlaus, die auf ihrer bevorzugten Wirtspflanze überwintert hat, bei dieser Art ein Busch der Zaubernussfamilie. Wenn der Frühling kommt, sucht das Weibchen sich einen Ort, an dem es seine Kolonie begründen will. Auf dem Zweig, den es auserkoren hat, manipuliert es das Gewebe der Wirtspflanze, sodass diese eine Galle, einen verdickten Teil des Stängels oder Blattes, formt. In dieser Galle macht es sich das Weibchen bequem und gebiert lebende Junge. In der Regel entstehen so durch Parthenogenese etwa 50 bis 200 Weibchen. Diese Weibchen leben ihr gesamtes Leben in der Galle, weshalb sie keine Flügel haben.

All diese flügellosen Töchter gebären durch Parthenogenese ihrerseits lebende Töchter, aber diese Töchter – die Enkelinnen der Blattlaus, die überwintert hat – haben Flügel. Sie leben lange in der geschlossenen Galle, wo sie geschützt vor Feinden sind. Wenn die geflügelte Generation dann aber in die Freiheit will, muss die Galle geöffnet werden. In diesem Moment hören die flügellosen Blattläuse mit der Reproduktion auf, leben aber weiter. Bis die Galle ein paar Wochen später auch von den letzten Blattlausnachkommen verlassen ist, sitzen die flügellosen Blattläuse an der Gallöffnung, wo sie aus einer Drüse am Hinterkörper eine wachsähnliche Substanz produzieren. Sollte ein Fressfeind, zum Beispiel eine Marienkäferlarve, versuchen, in die Galle zu gelangen, beschießen die flügellosen Blattläuse den Eindringling mit diesem Wachs. Das Wachs erstarrt und die Larve wird vertrieben – nicht selten mit einer flügellosen Kamikazeblattlaus am Körper. Indem sie die Kolonie beschützen und möglichst vielen geflügelten Nachkommen die Möglichkeit geben auszufliegen, um neue Kolonien zu gründen, sorgt die postreproduktive flügellose Blattlaus dafür, dass möglichst viele ihrer Gene verbreitet werden.[5] Der Unterschied zwischen den Blattläusen und uns besteht darin, dass die Blattläuse die direkt folgende Generation und damit die eigenen Kinder schützen. Der Einsatz menschlicher Großmütter richtet sich hingegen häufig auf ihre Enkel.

Dass meine Mutter meine Dreijährige holt und mir damit ein paar Stunden Pause gönnt, sagt nichts über die Frage aus, ob meine Kinder überleben oder sterben. Ich hätte es sicher geschafft, mit meinem Fötus und meinem Kind allein zu Hause zu sein, auch wenn an diesem Tag der Fernseher dann sicher etwas mehr gelaufen wäre, als ich mir selbst eingestehen möchte. Norwegen ist eines der Länder mit der geringsten Kindersterblichkeitsrate.[6] Untersuchungen, ob Kinder in reichen Industrienationen wirklich davon profitieren, dass ihre Großeltern in der Nähe leben, kommen zu unterschiedlichen Ergebnissen.[7] Die Gewissheit, dass wir Großeltern in der Nähe haben, die bereit sind, uns zu helfen, hatte jedenfalls durchaus Einfluss auf meine Bereitschaft, ein zweites Mal schwanger zu werden. Schließlich wusste ich, dass möglicherweise wieder Wochen der Übelkeit vor mir liegen würden. Meine Mutter, die mit ihrer glücklichen Enkelin das Haus verlässt, ist die moderne Ausgabe von Generationen von Großmüttern, die dafür gesorgt haben, dass ihre Kinder mehrere Kinder bekommen und dass diese Kinder größere Überlebenschancen haben.

Anthropologische Studien an Jäger- und Sammlergesellschaften, die noch am ehesten wie die Menschen vor 10 000 Jahren leben, bevor die Landwirtschaft erfunden wurde, sind die Quelle der »Großmutter-Hypothese«, mit der erklärt werden könnte, weshalb sich im Laufe der Evolution bei Menschen die Menopause entwickelt hat. Zugleich versucht sie zu begründen, weshalb wir nach altersbedingter Unfruchtbarkeit noch viele Lebensjahre erreichen können. Diese Hypothese besagt, dass Frauen, die sich nicht mehr selbst reproduzieren, darauf fokussieren, Kindern und Enkeln zu helfen, und damit die Chance erhöhen, dass ihr eigenes genetisches Erbe weitergeführt wird. Die Anthropologin Kristen Hawkes, heute Professorin an der University von Utah, hat das Leben der älteren Frauen des Hadza-Volkes in Tansania studiert. Modellierungen von Observationen in noch heute existierenden Jäger- und Sammlergesellschaften deuten darauf hin, dass die Menopause sich entwickelt hat, weil die Hilfe, die die älteren Frauen den eigenen Kindern gewähren – sowohl in Form der Versorgung als auch der Kinderbetreuung, damit die Mütter Zeit für Nahrungsbeschaffung und Reproduktion haben – zu gesünderen und lebensfähigeren Enkeln führt, die schneller abgestillt werden können, wodurch ihre Mütter schneller wieder fruchtbar werden und in kürzeren Abständen weitere Kinder bekommen können.[8]

In der Wissenschaft wird noch immer heftig diskutiert, warum es nur bei so wenigen Arten Weibchen gibt, die nach dem Ende der Reproduktionsphase lange weiterleben.[9] Die Großmutter-Hypothese deutet darauf hin, dass diejenigen, deren Großmütter noch lebten, eine kleinen, evolutionären Vorteil hatten und dass diese Eigenschaft sich dann verbreitet hat. Die genauen Mechanismen und Funktionen, über die es bei uns – und nicht auch bei vielen anderen Arten – zu der langen Lebenszeit nach Ende der Reproduktionsphase gekommen ist, sind aber noch unbekannt.[10] Es ist nicht schwer zu verstehen, warum es ein Vorteil ist, eine Großmutter in der Nähe zu haben. Aber warum ist es ein Vorteil für die Großmütter, sich um Kinder und Enkel zu kümmern, statt weiter eigene Kinder zu produzieren? Genetisch betrachtet ist die Verwandtschaft zu den eigenen Kindern enger als zu Enkeln. Soll die biologische Rechnung wirklich aufgehen, müssen die Vorteile, selbst die Reproduktion einzustellen und sich stattdessen um die Enkel zu kümmern, also sehr groß sein.

Vielleicht kann diese Frage durch einen Blick auf eine andere Art beantwortet werden, die ebenfalls Großmütter haben. Die Orcas *(Orcinus orca)* an der Westküste der USA und Kanadas[11] leben in großen Schwärmen zusammen, die von einem alten Weibchen mit Lebenserfahrung und Wissen angeführt werden. Orcas können wie wir nach Ende der Reproduktionsphase noch Jahrzehnte weiterleben. Die Orcas an der Westküste der USA und von Kanada ernähren sich vor allem vom Königslachs und damit von einer Art, deren Populationsdichte von Jahr zu Jahr stark variieren kann. Wie viele Orcas überleben und sich in einem bestimmten Jahr vermehren können, hängt damit zusammen, wie viele Lachse es gibt. Die ältesten Weibchen sind das Gedächtnis der Gruppe, sie kennen die Zugwege der Lachse und wissen, wo diese auch in mageren Jahren zu finden sind. Das großmütterliche Wissen über die Lachse ist für die Orcas von großer Bedeutung, weshalb der Verlust eines solchen Tieres gerade in mageren Jahren ein Riesenproblem wäre.[12]

Die Orca-Schulen haben ein ungewöhnliches Verwandtschaftsmuster. Eine Gruppe besteht nämlich aus einem Weibchen und all ihren Nachkommen, sowohl männliche als auch weibliche. Niemand wird aus der Gruppe ausgestoßen, wenn er alt genug ist, sich zu reproduzieren, und auch von außen kommen keine weiteren Gruppenmitglieder hinzu. Um Inzucht zu vermeiden, paaren die Orcas sich allerdings mit Tieren anderer Gruppen, die sie unterwegs treffen.

Je älter ein Weibchen wird, desto enger sind die Verwandtschaftsgrade innerhalb der Gruppe. Ein neugeborenes Weibchen hat Mutter und Großmutter in der Gruppe. Aber da die Geschwister vermutlich andere Väter haben, sind sie weniger eng miteinander verwandt als ein Muttertier mit seinen direkten Nachkommen. Je älter ein Weibchen wird und je mehr Nachkommen es in der eigenen Gruppe hat, desto enger ist es mit den Tieren der Gruppe verwandt. Gleichzeitig zeigen Forschungsergebnisse, dass die Sterblichkeit der Nachkommen von Muttertieren und Töchtern, die innerhalb der Gruppe gleichzeitig Nachwuchs bekommen, unterschiedlich hoch ist. Die Nachkommen der älteren, sich noch reproduzierenden Weibchen sterben deutlich häufiger als die der

jüngeren Weibchen.[13] Die Evolutionstheorie besagt, dass ein Weibchen mit geringer Verwandtschaft zu den anderen in der Gruppe stärker um Nahrung und Ressourcen konkurriert, um sich reproduzieren zu können, als ein Weibchen mit engen Verwandtschaftsgraden. Ältere Orcaweibchen müssten damit im reproduktiven Konflikt mit jüngeren Weibchen einen größeren Aufwand leisten. Dieser reproduktive Konflikt läuft damit also auf die Frage hinaus, wessen Nachkommen aufwachsen dürfen. Da die älteren Weibchen irgendwann in so enger Verwandtschaft zu dem Rest der Gruppe stehen, macht es für die Großmütter evolutionär gesehen Sinn, ihren Söhnen und Töchtern zu helfen, statt sich selbst weiter zu reproduzieren. Orcagroßmütter behalten ihre Söhne das ganze Leben in der Gruppe. Dies gibt ihnen einen reproduktiven Vorteil, verglichen mit einer Gruppenkonstellation mit nur weiblichen Tieren. Denn auch die Männchen reproduzieren sich, sie verbreiten ihre Gene, wenn die unterschiedlichen Gruppen sich treffen, um sich zu paaren, und übertragen damit den Aufwand in Form von höherem Nahrungsbedarf der trächtigen und stillenden Weibchen auf die andere Gruppe. Jedes Mal, wenn eine Großmutter dafür sorgt, dass ein männliches Tier genug Nahrung bekommt und die Gruppe zum Zwecke der Paarung zu anderen Gruppen führt, sorgt sie damit dafür, dass sich ihre Gene mit geringstmöglichem Aufwand verbreiten. Dies könnte erklären, warum Orcagroßmütter im Gegensatz zu Elefanten, bei denen die Männchen die Gruppe verlassen, irgendwann aufhören, sich selbst zu reproduzieren.

Aber was hat das mit uns Menschen zu tun, die nicht in Gruppen von einer Großmutter und ihren Nachkommen zusammenleben? Vieles deutet darauf hin, dass die ersten Menschen in Gruppen zusammenlebten und dass die jungen Frauen im reproduktiven Alten nicht selten die Gruppe verließen und sich einer anderen anschlossen. Im Gegensatz zu den Orcas haben die Frühmenschen sich aber wohl auch innerhalb der Gruppe gepaart.[14] Damit kommt man zu der Situation, in der die junge Frau, die die Gruppe gewechselt hat, kaum mit denen verwandt ist, mit denen sie zusammenlebt, während eine alte Frau mit Kindern und Enkeln um sich herum in naher genetischer Verwandtschaft zu ihrer Gruppe steht. Damit entsteht derselbe reproduktive Konflikt wie bei den Orcas, und dies könnte erklären, warum wir Menschen einige der wenigen Arten mit Wechseljahren und Großmüttern sind.

Meine Mutter, die draußen mit meiner Dreijährigen spazieren geht, die Orcagroßmutter, das Springaffenmännchen, die Hanuman-Langurentanten, die Gemeinschaft der Damara-Graumulle, das Kaiserpinguin- und Seepferdchenmännchen, die partnerlosen Afrikanischen Sozialen Spinnen und die großen Geschwister der Biber – sie alle helfen, damit die Jungen heranwachsen können. Sie sind einige wenige Beispiele für die vielen Arten, bei denen nicht nur diejenigen, die die Eier haben, die Verantwortung übertragen bekommen, damit die anspruchsvollen Nachkommen eine Chance haben, das Leben zu meistern.

Woche 30

Von jetzt an kann mein Baby geboren werden, ohne dass es große Komplikationen geben würde. Es wäre natürlich zu früh, aber die Wochen, in denen ich tagtäglich einen Blutfleck in der Hose gefürchtet habe, sind definitiv vorbei, ebenso die Zeit, in der jede Hoffnung vergebens gewesen wäre, wäre etwas passiert. Und auch die Wochen, in denen das Baby nach einer Frühgeburt vielleicht zu retten gewesen wäre, höchstwahrscheinlich aber mit schweren Beeinträchtigungen. Wir bewegen uns jetzt auf ziemlich sicherem Terrain. Mein Fötus wird hoffentlich noch zehn Wochen in meinem Bauch bleiben, etwas Fett ansetzen, das ihn gegen die Kälte der Welt schützt, und ein bisschen größer werden, um robuster und den Herausforderungen der neuen Umgebung somit besser gewachsen zu sein.

Je sicherer ich mich in meiner Schwangerschaft fühle und je zuversichtlicher ich werde, dass ich schließlich einen lebensfähigen kleinen Jungen in den Armen halten werde, desto größer wird mein Bedürfnis, alles parat zu haben, wenn er dann kommt. Ich hole den alten Kinderwagen aus dem Keller, wasche die Babysachen, die für den kleinen Fötus noch viel zu groß wären, und notiere, was alles noch zu erledigen ist, bevor er kommt.

Plötzlich erscheint es mir unglaublich wichtig, dass die Küchenschubladen ausgewaschen sind, die alten Papiere ganz hinten im Verschlag sortiert werden und das Gitterbettchen vom Dachboden ins Schlafzimmer getragen wird, obwohl ich mein Baby in den ersten Wochen bei mir im Bett behalten werde.

Ist es das Tier in mir, das mich zwingt, es wie die Bibermama zu machen, die frische Blätter sammelt, auf denen der Nachwuchs schlafen kann? Oder wie das Kaninchen, das sich Fell ausrupft, um ein weiches Lager für ihre Kleinen zu machen? Oder das Nilkrokodil, das lange Zeit auf der Suche nach dem perfekten Platz für das Nest ist? Ist es ein biologischer Instinkt, der mich zwingt, das Haus vorzubereiten, damit das neue Baby einen bestmöglichen Start bekommt, oder führen die Erwartungen der Gesellschaft an mich als Mutter dazu, dass ich das alles plötzlich für wichtig halte?

Nestbau, sei es bei Vögeln, die sprichwörtlich ein Nest bauen, oder bei Kaninchen, die eine Höhle graben und sich Fell ausreißen, ist bei den meisten Arten essenziell, damit die Jungen überleben können. Nicht einmal die Tiere, die ihre Eier und Spermien einfach ins Wasser entlassen, tun dies zu einem zufälligen Zeitpunkt, sondern koordiniert, um sicherzugehen, dass Laich und Spermien sich auch finden und das Risiko, dass die Keimzellen von Prädatoren gefressen werden, möglichst gering ist.[1] Durch den Bau eines Nestes wird die Umgebung für die Nachkommen so sicher wie eben möglich. Der Nestbau ist ein adaptives Verhalten – wer im Laufe der Evolution einen etwas größeren Aufwand für seine Jungen betrieben hat, hatte dadurch einen Vorteil und mehr überlebende Nachkommen, weshalb dieses Verhalten sich verbreitet hat.

Der Nestbau des Menschen ist nicht sonderlich erforscht worden, obwohl dieses Verhalten auf diversen Webseiten für Schwangere als Instinkt beschrieben wird. Eine der wenigen Studien, die tatsächlich gemacht worden sind, zeigt, wie ähnlich das Verhalten von schwangeren Frauen und trächtigen Tieren ist: Wir bereiten unser Heim auf das neue Familienmitglied vor. Egal, ob es dabei nun um den Kauf eines Kinderwagens, das Streichen des Kinderzimmers, das Auswaschen der Schubladen oder das Vorbereiten der Babyklamotten geht. Gleichzeitig zeigte diese Studie, dass schwangere Frauen in der letzten Phase der Schwangerschaft fremde Orte meiden und in der Phase unmittelbar vor der Geburt am liebsten mit gut bekannten Menschen zusammen sind, seien es nun Freunde oder Familie.[2] Es ist durchaus klug, fremde Orte zu meiden, um potenziell gefährlichen Situationen und unbekannten Bakterien aus dem Weg zu gehen sowie um ein engeres soziales Band zu Familien und Freunden zu knüpfen, die dem Baby, wenn es erst da ist, durch mehr potenzielle Betreuer zusätzliche Sicherheit zu geben.

Aber diese Forschung ist nicht unumstritten: Denn können wir mit Sicherheit sagen, ob das, was wir tun, wirklich von der Biologie und nicht von der Kultur bestimmt ist? Es ist noch immer so, dass Frauen weltweit mehr Hausarbeit verrichten als Männer, und das gilt auch für westliche Länder wie Norwegen, in denen Männer und Frauen weitgehend gleichgestellt sind.[3] Die Aufgaben, die mit dem Nestbau der Menschen in Verbindung gebracht werden, wie Aufräumen und Putzen, gehören zu den Hausarbeiten, die in heterophilen Haushalten in den meisten Fällen von Frauen erledigt werden. Gleichzeitig sehen sich Frauen mehr als die Männer, mit denen sie zusammenwohnen, mit Vorwürfen konfrontiert, sollten ihre Wohnungen nicht aufgeräumt und sauber sein.[4] Es ist nicht leicht zu unterscheiden, bei was es sich um biologische Instinkte und bei was um kulturelle Mechanismen handelt, die so verinnerlicht sind, dass wir sie als Instinkte erleben. Überdies ist nicht sicher, ob bei Einzelphänomenen überhaupt zwischen Biologie und Kultur unterschieden werden kann, da biologische und kulturelle Einflüsse stark miteinander verknüpft sind. Etwas so Einfaches wie die Größe eines Menschen, ist biologisch dadurch bedingt, mit welchen Genen die Person geboren wurde. Aber Körpergröße ist zum Beispiel auch davon beeinflusst, welche und wie viel Nahrung Mütter während der Schwangerschaft bekommen und wie das Baby und später das heranwachsende Kind ernährt werden. Auch Klima und Krankheiten können dabei eine Rolle spielen. Es ist nicht alles Biologie, und bei etwas so Kompliziertem wie dem menschlichen Verhalten in modernen Gesellschaften ist es schwierig zu unterscheiden, welche biologischen und kulturellen Faktoren einander beeinflussen und zu charakteristischen Zügen bei einem bestimmten Menschen führen.[5]

Ungeachtet der Frage, ob es biologische oder kulturelle Gründe hat, dass ich das Haus für das neue Familienmitglied vorbereite, ist es ganz einfach sinnvoll, Kleider parat zu haben, einen Kinderwagen und einen Ort, an dem das Baby schlafen kann, wenn es dann da ist. Trotzdem fühlt es sich für mich so an, als käme dieser Drang tief aus meinem Inneren, und er treibt mich an, alles jetzt sofort zu machen, um dann in Ruhe weiterbrüten zu können.

Wir tragen das Gitterbett nach unten. Unsere Dreijährige füllt es mit den Kuscheltieren, die das Neugeborene von ihr übernehmen darf. Ich fülle die Kommoden mit frisch gewaschenen Babysachen, ordentlich zusammengelegt und gestapelt. Wir sind bereit.

Woche 31

Zu dieser Zeit haben nur trächtige Rentierkühe ein großes Geweih. Den ganzen Winter hindurch haben sie es genutzt, um Dominanz zu zeigen, sich in der Rangordnung der Herde zu platzieren und ihren letztjährigen Kälbern den Zugang zu Nahrung zu sichern. Je größer das Geweih, desto höher die Stellung in der Herde und desto leichter der Zugang zu den besten Weideplätzen. Die Rentierkuh hat ihr großes Kalb gerade erst vertrieben, ab jetzt muss es allein klarkommen, denn nun steht die Geburt des neuen Kalbes an, das sie schon den ganzen, langen Winter mit sich herumträgt.

Rentiere *(Rangifer tarandus)* leben ein nomadisches Leben. Sie sind konstant in Bewegung, von den Winterweiden mit Flechten über die Gegenden, in denen im Frühjahr das erste Gras sprießt, bis zu den vegetationsreichen Sommerweiden, wo die Tiere genug Nahrung aufnehmen können, um den Körper nach der Tragezeit wieder aufzubauen und Milch für das junge Kalb zu produzieren. Im Herbst sind dann Weidebereiche mit Pilzen gefragt, die wichtige Minerale und Nährstoffe enthalten. Rentiere sind perfekt an das Leben in kalten, offenen Gebirgen angepasst. Ihre Haare sind hohl und mit Luft gefüllt. Das Fell isoliert im Winter wie eine Daunenjacke, und es hilft ihnen wie eine Schwimmweste, wenn sie auf dem Weg zu neuen Weideflächen Flüsse überqueren müssen. Die Herde ist ständig in Bewegung. Während dieser Wanderungen wird das Wissen über die Weideflächen in den verschiedenen Jahreszeiten vom Muttertier auf das Kalb übertragen. Es lernt, wo es sicher fressen kann und wo die Paarung stattfindet.

Einige Herden dieser Hirschart leben noch heute frei in den Gebirgsregionen Norwegens. In der weichen, fellbedeckten Nase wird die Luft in einem speziellen muschelförmigen Organ erwärmt, bevor sie in die Lungen gezogen wird. Die Wärme bleibt im Körper, bevor die Luft wieder ausgeatmet wird.[1] Bei Temperaturen von bis zu minus 40 Grad ist das im Winter sehr energieeffektiv. Rentiere sind die einzige Hirschart, bei der auch die Weibchen ein Geweih tragen. Die Kuh kann damit ihren Jungen Schutz geben und dafür sorgen, dass sie genug Nahrung für sich und den Fötus bekommt. Die Rentierbullen werfen nach der Brunft im Herbst ihr Geweih ab, die Kämpfe mit den anderen Männchen um die Gunst der Weibchen sind dann beendet. Je größer und schöner das Geweih der Bullen ist, desto attraktiver sind diese für die Weibchen.

Wird eine Rentierkuh im Herbst nicht trächtig oder verliert den Fötus, verliert sie noch vor dem Kalben das Geweih. Wenn der Winter zu Ende geht und die ersten grünen Blättchen zum Vorschein kommen, ist die Konkurrenz um die Nahrung nicht mehr so groß, und wenn das Geweih frühzeitig abgeworfen wurde, kann das neue schneller heranwachsen und damit im nächsten Winter größer sein, womit sich ihre Chance auf besseren Zugang zu guten Weideflächen verbessern. Vielleicht hat die Kuh dann auch genug Nahrung für den Fötus, sodass es dieses Mal klappt.

Die Rentierkuh bringt ihr Kalb 225 Tage nach der kurzen Brunft im Herbst zur Welt. Dazwischen liegt ein langer Winter, in dem sie darum gekämpft hat, genug Nahrung für sich und die Ihren zu finden. Mit ihrem Geweih hat sie um die besten Weidegründe gekämpft, ihre Dominanz gezeigt und andere Weibchen mit kleinerem Geweih vertrieben. Sie hat den Winter mit einem Kalb an der Seite und einem im Bauch überstanden. Fortan wird sie sich nur noch ihrem neuen Kalb widmen, das andere muss allein zurechtkommen. Sie verlässt die Herde, um in Ruhe zu gebären und

um Zeit zu haben, ihr Kalb, das nach der Geburt schnell auf den Beinen ist, zu beschnuppern. Nach spätestens einer Stunde trinkt es zum ersten Mal Milch, und schon nach wenigen Tagen muss es der Herde auf ihrer ewigen, zyklischen Wanderung auf der Suche nach Nahrung folgen können.[2]

Während sich die Rentierkuh reproduziert, Kalb nach Kalb bekommt und ihre Gene weitergibt, läuft in ihrer Haut ein anderer Lebenszyklus ab. Die Rentierdasselfliege *(Hypoderma tarandi)* ist eine große Fliege mit gelborangem Pelz, die ein bisschen an eine Hummel erinnert. Sie legt ihre Eier aber nicht in einen Hohlraum, wie es die Hummel tut. Die Larven der Rentierdasselfliege brauchen Rentierfleisch zum Überleben. Im Juli oder August legen die Fliegen ihre Eier dicht an der Haut in das Fell der Rentiere. Die Jungen schlüpfen und die kleinen Larven fressen sich am hinteren Rücken der Tiere durch die Haut bis in die Unterhaut. Im

Spätherbst kapseln die Larven sich im Bindegewebe ein, nur ein winziges Atemloch führt dann durch die Haut der Rentiere. Die Rentierkuh trägt ihr Kalb in der Gebärmutter und die Dasselfliegenlarven in kleinen Löchern auf dem Rücken, genau wie bei der Großen Grabenkröte, nur dass sie unfreiwillig zur Wirtin der Fliege geworden ist. Nachdem die Kuh ihr Kalb geboren hat, kriechen die Rentierdasselfliegenlarven durch die Atemlöcher und lassen sich zu Boden fallen, wo sie sich verpuppen, bevor sie im Juni als voll ausgewachsene Fliegen schlüpfen, die sich dann paaren, ihre Eier ins Fell der Rentiere legen und sterben.[3]

Ich stehe mit prallem Bauch im Bus und hoffe darauf, dass jemand von seinem Sitz aufsteht, damit ich Platz nehmen kann. Mein Becken schmerzt mehr und mehr, weshalb ich nicht mehr lange stehen kann. Trotzdem zermürbt es mich, um einen Platz zu betteln. Männer mittleren Alters mit ihren schalldichten Kopfhörern weichen meinem Blick aus, auch sie wollen nicht den ganzen Weg stehen und hoffen darauf, dass ein anderer sich erbarmt. Ich wünschte mir ein Geweih, mit dem ich die anderen, die ihren Job längst erledigt haben und in dieser Zeit des Jahres keine Ressourcen brauchen, dominieren könnte.

Woche 32

Die Schmerzen in meinem Becken werden immer stärker. Vorne, unter meinem immer ausladenderen Bauch, strahlen sie nach unten in Richtung Leisten Es ist besser, wenn ich mich ruhig verhalte, mich nicht ständig bewege oder gar schwer trage, aber ich wohne im dritten Stock mit einem bald vierjährigen Mädchen, das auf der Treppe auf dem Weg nach oben regelmäßig Trotzanfälle bekommt. Sie ist *soooo* müde, regelmäßig hallt ihr Geheule an den kahlen Wänden wider. Ich weiß, wie hellhörig das Haus ist und dass die Nachbarn hören, wie die Kleine sich weigert, auch nur noch einen Schritt zu machen, und mein leises Schimpfen ignoriert. Erst wenn ich ihr Süßigkeiten verspreche, schafft sie es aus eigener Kraft nach oben. Der Verbrauch an Naschkram steigt mit jedem Tag. Es ist ein Teufelskreis, aber irgendwie schaffen wir es immer nach oben, wo die Stimmung dank der Süßigkeiten dann mit einem Mal besser ist. Auch ich esse ein paar Weingummis, ich brauche Zucker.

Ich weiß, dass jede Stufe ihren Beitrag zu den Schmerzen im Becken leistet, die sich erst am Abend so richtig bemerkbar machen, wenn ich mit einem Kissen zwischen den Beinen auf dem Sofa liege. Deshalb würde ich am liebsten nur mich und meinen Fötus die Treppe nach oben schleppen und nicht auch noch die Gefühle meiner bald Vierjährigen.

Die Knochen, die mein Becken bilden, müssen sich ein paar Millimeter auseinanderbewegen, um Platz für den Kopf des Babys zu machen, der nach draußen durch den engen Geburtskanal muss. Man glaubte lange, der schmale Geburtskanal des Menschen sei ein Kompromiss, um effektiv auf zwei Beinen laufen und trotzdem Kinder gebären zu können, und dass Männer deshalb schmalere Hüften als Frauen hätten. Aber nicht nur beim Menschen sind die Becken von männlichen und weiblichen Tieren unterschiedlich. Viele männliche Tiere haben schmalere Hüften, obwohl sie nicht auf zwei Beinen laufen.

Das Schimpansenweibchen *(Pan troglodytes)* ist jetzt zur Geburt bereit. Der Kopf ihres Jungen braucht am schmalsten Teil des Geburtskanals nur etwa 70 Prozent der Fläche, die ihm zur Verfügung steht, trotzdem rotiert das Junge beim Weg durch den Kanal von der Gebärmutter bis hinaus in die Welt auf ähnliche Weise wie beim Menschen. Es gibt aber auch Unterschiede zu der Geburt, die ich in zwei Monaten vor mir habe. Schimpansengeburten sind leichter als die Geburten von Menschen, interessant ist in diesem Zusammenhang aber, dass auch Schimpansen – je nach Geschlecht – unterschiedlich breite Hüften haben, genau wie wir, obwohl die Jungen nicht den gesamten Geburtskanal ausfüllen. Dasselbe gilt für eine Reihe anderer Arten. Sogar bei den Nordopossums, bei denen die neugeborenen Babys nur 0,01 Prozent der Körpergröße der Muttertiere haben, sind die Becken von Männchen und Weibchen unterschiedlich, und das unabhängig von der Körpergröße der erwachsenen Tiere.[1]

Es muss also einen anderen Grund für unser schmales Becken geben, als dass wir damit besser auf zwei Beinen laufen können. Außerdem bewegen Männer und Frauen sich gleich effektiv auf zwei Beinen, obwohl Frauen ein breiteres Becken haben. Eine neue Hypothese, die über Tests bestätigt werden konnte, postuliert, dass das Becken schmal wurde, damit die Beckenbodenmuskulatur die Eingeweide festhalten kann. Die Muskeln am Beckenboden können nicht sonderlich gedehnt werden, sie sitzen fest an den unterschiedlichen Knochen, die das Becken ausmachen. Dehnt man die Muskeln in einem zu breiten Becken zu sehr, bekommt man Probleme. Frauen mit breiteren Becken leiden deshalb häufiger an Prolaps und Inkontinenz.[2]

Geoffroys Schwanzlose Fledermaus, die nie aufrecht auf zwei Beinen geht und die meiste Zeit ihres Lebens verkehrt herum von der Decke herabhängt, braucht keine Beckenbodenmuskulatur, um wie ich ihre Eingeweide am richtigen Platz zu halten. Sie kann sich ein breites Becken leisten und somit ein Junges gebären, das bis zu 45 Prozent ihrer eigenen Größe hat.

Mein Becken ist robust, meine Hormone führen aber dazu, dass es sich in den Ligamenten weitet. Mein Körper macht sich bereit, einen Jungen mit einem sehr großen Kopf zu gebären. Die Symphyse, der Ort, an dem die Beckenknochen sich vorne unter dem dicken Bauch treffen, ist flexibel, eine evolutionäre Anpassung an die Geburt. Sie ist allerdings nicht so flexibel wie die Symphyse des Meerschweinchens. Im Durchschnitt weitet sich die Symphyse des Menschen um drei Millimeter, dazu kommt die Weitung des Beckens in den beiden Gelenken am Rückgrat. Aber warum ist mein Becken so wenig flexibel, während das Meerschweinchen dank der starken Weitung des Beckens so komplikationslos gebären kann? Zu große Flexibilität kann den Beckenboden schwächen. Und evolutionär gesehen, ist es nicht gerade ein Vorteil, wenn die Eingeweide rausfallen.[3]

Alle großen Säuge- und Beuteltiergruppen zeichnen sich dadurch aus, dass die Becken von männlichen und weiblichen Tieren unterschiedlich sind. Auch einige Kriechtiere sind dadurch gekennzeichnet. Nicht wenige Wissenschaftler gehen deshalb davon aus, dass die geschlechtsbedingten Unterschiede der Becken bereits bei den frühen Säugetieren ausgeprägt waren, ja vielleicht sogar schon bei den gemeinsamen Urmüttern und Urvätern von Kriechtieren, Vögeln und Säugetieren.[4]

Geschlechtsbedingte Unterschiede des Beckens können entstanden sein, um verglichen mit der Körpergröße große Nachkommen oder große Eier produzieren zu können. Die Tatsache, dass wir kräftige Becken auch bei Tieren mit winzigen Nachkommen finden, hängt möglicherweise damit zusammen, dass diese Eigenschaft schon sehr alt ist und im Laufe der Evolution nicht ausgemerzt wurde.[5]

Woche 33

Die gemeinsame Urmutter vom Menschen und dem Flusspferd *(Hippopotamus amphibius)* ging vor etwa 375 Millionen Jahren zum ersten Mal aus dem Wasser an Land.[1] In diesem Moment war eine Lösung dafür gefragt, wie ihre Föten feucht gehalten werden könnten, ohne dass sie ins Wasser zurückkehren musste. Die Tiere hatten bereits so etwas wie Lungen, mit denen sie atmen konnten, und auch ihre Gliedmaßen reichten für die Bewegungen an Land aus. Um aber nicht davon abhängig zu sein, die Eier im Wasser abzulegen, wie es bei Fröschen, Salamandern und anderen Amphibien noch heute der Fall ist, brauchte es ein paar innovative Lösungen. Vor etwa 318 Millionen Jahren entwickelten sich Eihüllen, die das Austrocknen der Keimzellen verhinderten und den kleinen, von Feuchtigkeit umgebenen Fötus vor der trockenen Landluft schützten.[2] Der Evolution war das aber noch nicht genug, und so entwickelten sich Wesen, die die Eier nicht mehr ablegten, sondern in sich behielten und mit dem eigenen Körper beschützten. Sie trugen das Urmeer in sich und bewegten sich vom Strand in die Wälder bis hoch in die Bäume. Einige fanden das Land überbewertet und kehrten ins Meer zurück, so die Urmütter von Walen und Flusspferden. Sie lebten fortan als Säugetiere im Wasser und trugen die Föten nun in ihren Körpern. Während die Wale sich dem Meer wieder ganz hingaben, blieben die Flusspferde in Ufernähe. Die Tiere sind noch heute semiaquatisch, sie brauchen das Wasser zum Überleben, sowohl als Fötus als auch als ausgewachsenes Tier. Sie

fressen aber nur Pflanzen, die an Land wachsen, und müssen folglich das Wasser verlassen, um Nahrung aufzunehmen. Bei der Geburt sind Wale und Flusspferde sich recht ähnlich. Die Jungen kommen mit Hinterbeinen und Schwanz zuerst und müssen zum Atmen an die Wasseroberfläche schwimmen. Sollten sie mit dem Kopf voran im Geburtskanal stecken bleiben, ihre Lungen unter Wasser, würden sie sterben.[3]

Im Laufe der letzten 33 Wochen[4] ist das Flusspferdweibchen schwerer und schwerer geworden, das Wasser stützt sie aber und macht den Körper beinahe schwerelos. Ich muss an sie denken, als ich mit meiner Dreijährigen ins Schwimmbad gehe. Die plötzliche Schwerelosigkeit im Wasser lässt mir übel werden, mein Körper hat sich endlich mit der Schwangerschaft und der zunehmenden Masse abgefunden, sodass meine Eingeweide sich durch das fehlende Gewicht im Wasser plötzlich neu zu sortieren scheinen. Als säße ich in einem kleinen Flugzeug und würde durch die Turbulenzen ein paar Sekunden frei schweben, etwa wie in einer Achterbahn auf dem Weg nach unten, nur dass diese Schwerelosigkeit nicht bloß ein paar Sekunden andauert, sondern die ganze Stunde, die meine Kleine im Wasser bleiben will. Ich setze mich an den Rand des Planschbeckens und warte, bis mir kalt wird und ich wieder ins warme Wasser tauchen muss.

Flusspferde sind nach Elefanten und Nashörnern die größten Landsäugetiere. Ihr Körper ist rund, die Beine kurz, der Kopf breit mit borstigen Ohren an ihrem ansonsten haarlosen Körper. Das Maul ist breit und mit einigen Tasthaaren und riesigen Eckzähnen gefüllt. Tagsüber leben Flusspferde im Süßwasser in Seen und Flüssen des südlichen Afrika, wo sie sich abkühlen. Nachts laufen sie mitunter kilometerweit übers Land, um Nahrung zu finden. Die Tiere leben ihr Leben an der Grenze zwischen Wasser und Land.[5]

Kurz vor der Geburt verlässt das Weibchen die anderen Tiere, es sucht einen ruhigen, friedlichen Ort, wo Neugeborenes und Muttertier miteinander vertraut werden können, bevor das Muttertier das Junge dann mit zu den anderen nimmt. Flusspferde können sowohl im Wasser als auch an Land gebären, das Tier ist eine Zwischenform, aber unabhängig vom Ort kommt das Junge immer mit Füßen und Schwanz voraus auf die Welt. Dann zieht es zum ersten Mal Luft in die Lungen und trinkt Milch. Die Flusspferdmama stillt ihr Junges im seichten Wasser, wo sie auf der Seite liegen kann, und das Junge schließt die Nasenlöcher, um trinken zu können, ohne Wasser in die Nase zu bekommen.[6]

Woche 34

Draußen wird es milder, der Frühling kommt. In weniger als zwei Monaten werde ich einen Kinderwagen durch die Sonne schieben, die Blumen bewundern, die langsam zu blühen beginnen, das hervorbrechende Grün der Bäume genießen und die ersten Hummeln beobachten, die nach einem sicheren Ort für ihr Nest suchen. Die Last aus meinem Bauch wird dann im Kinderwagen liegen, mein Körper wird leichter sein, gleichzeitig werden mir Schlafmangel und das Hungergefühl zusetzen, das sich meldet, wenn meine Brüste die einzige Nahrungsquelle für mein heranwachsendes Baby sind. Noch ist es kalt draußen, aber die Sonne steht immer höher am Himmel, die Abende sind heller und die Strahlen des großen Sterns geloben wärmere Zeiten.

Tief in einer Höhle auf einer indonesischen Insel schlüpfen jetzt die Jungen aus dem verlassenen Gelege des Komodowarans.[1] Die riesige Echse, die die Wahl hat, ob sie ein Männchen haben will oder nicht, um lebensfähige Eier zu legen, hat das Nest schon vor langer Zeit verlassen. Als die Regenzeit 16 bis 17 Wochen nach der Eiablage einsetzte, hat sie die Bewachung aufgegeben. In der langen Zeit davor ist die Echse dünner und dünner geworden. Sie hat zu wenig Nahrung zu sich genommen und musste schließlich ihr Nest verlassen, um nicht zu verhungern. Warum die Evolution eine so lange Entwicklungszeit der Eier hervorgebracht hat, wissen wir nicht, auf jeden Fall müssen die Jungen nun ohne sie zurechtkommen. Vielleicht muss das Gelege nach Einsetzen der

Regenzeit nicht länger bewacht werden, weil es dann weniger Raubtiere gibt.

Oder sie verlassen es, weil Komodowarane Kannibalen sind und der Hunger die Regie übernehmen würde, sollten dann schließlich die Jungen zum Vorschein kommen.

Die kleinen Babywarane gelangen ins Freie und klettern als Erstes in die Bäume, wo sie vor ihren großen Artgenossen sicher sind. Außerdem tummeln sich am Ende der Regenzeit unzählige Insekten in den Baumkronen, wodurch sie genug Nahrung finden.[2]

Woche 35

Ich ertappe mich dabei, mehr und mehr mit meinem Fötus zu reden. Der Arzt hat mich krankgeschrieben, ich bin den ganzen Tag allein zu Hause und hole den Schlaf nach, den ich nachts nicht bekomme, weil ich ständig pinkeln muss. Ich ruhe mich aus, bevor die Zeit und die Arbeit mit meiner Dreijährigen beginnen, wenn der Kindergarten zu Ende ist. Häufig rede ich auch mit unserem Hund, der treu neben mir auf dem Sofa liegt. Ich frage mich, ob der Fötus unser Gespräch verfolgt und hört, was ich sage. Auch wenn er die Worte nicht versteht, ist es sicher nicht schlimm, wenn ich mit ihm oder dem Hund rede. Ich glaube, meine Stimme beruhigt ihn und dass er sie wiedererkennt. Sie gleitet als Vibration durch meinen Körper und dringt durch das Fruchtwasser bis an sein Ohr.

Ich bekomme Besuch von einer Freundin und ihrem drei Wochen alten Baby, und während sie das Tragetuch um sich bindet, halte ich das Baby. Das Kleine wird sofort unruhig und ich spreche mit Babysprache auf es ein und mache lustige Geräusche, aber das alles hilft nicht. Erst als es die Stimme seiner Mutter hört, beruhigt es sich und hört auf, die Arme auszustrecken. Die Nähe der Mutter beruhigt das Baby, sodass es nun auch bei mir still bleibt, bis sie fertig ist. Meine Freundin schiebt ihr Baby vorsichtig in das Tragetuch, sein kleiner Kopf ist dicht an ihrer Brust. Vielleicht gibt das Tuch dem Baby das Gefühl, wieder in der Gebärmutter zu liegen. Es ist eng und warm und die Kleine spürt die Vibration der Stimme ihrer Mutter.

Nicht nur ich spreche mit meinem Fötus. Der Tümmler, die häufigste Delfinart *(Tursiops truncatus)*, ist länger trächtig als ich. Bei ihnen dauert die Schwangerschaft fast ein Jahr.[1] Alle Tümmler haben einen eigenen Signallaut, mit dem sie mit den anderen im Schwarm sprechen. Sie signalisieren »Ich bin hier« und die anderen antworten.[2] Jeder Delfin macht eigene Geräusche und ruft seinen Namen, wenn er groß genug ist, Erwachsenengeräusche von sich zu geben. Der Signalton des Delfinjungen, den er sich selbst aussucht, unterscheidet sich von dem der Mutter. Sie ahmen zwar die Geräusche Bekannter nach, achten aber darauf, sich selbst einen Namen zu geben, der sich deutlich von den anderen unterscheidet.[3] Als der junge Delfin noch ein Fötus im Bauch der Mutter war, hat sie ihren Namen öfter gerufen,[4] vermutlich damit das Junge ihn kennt und zu ihr kommt, wenn sie es nach der Geburt nach ihm ruft. Das Junge wird schnell ein guter Schwimmer und die Mutter kann es nicht ständig an sich binden, weshalb es lernen muss zu kommen, wenn es gerufen wird. Sollte das Junge seine Mutter mit einem anderen Tier verwechseln, könnten sie für immer getrennt werden, was für das Junge den Tod bedeuten würde.

Neugeborene Menschenbabys ziehen die Stimme derjenigen vor, die sie geboren hat. Sie drehen den Kopf in die Richtung, aus der das Geräusch kommt, und werden ruhiger. Föten im Alter von 36 bis 41 Wochen können unterschiedliche Geräusche und Sprachen wahrnehmen, und kurz vor der Geburt sind sie in der Lage, männliche und weibliche Stimmen zu unterscheiden.[5] Sowohl die Delfinjungen als auch mein Baby brauchen ihre Mutter zum Überleben. Ihre Stimme unter anderen Geräuschen zu erkennen, ist der erste Schritt, um sie zu finden und zu ihr kommen zu können. Eine Rettungsleine, wenn die Nabelschnur schließlich durchtrennt ist.

Woche 36

Ich soll in aller Öffentlichkeit gebären, in einem fremden Raum, in dem ich wahrscheinlich noch nie gewesen bin, in einem Haus, in dem die ganze Zeit über vollkommen fremde Menschen zu mir hereinkommen können, unterstützt von einer Hebamme, die ich mutmaßlich noch nie zuvor getroffen habe. Stattfinden soll das alles in einer Stadt weit von meiner eigentlichen Heimat entfernt. Hier gibt es Bäume, Straßenbahnen, Parks und große Gebäude und nicht wie zu Hause niedrige Büsche, Horste von Schneidegras, Rentiere vor den Gartenzäunen der kleinen, aneinandergereihten Holzhäuschen. Andererseits kenne ich diese Stadt, bin mit ihr vertraut und bewege mich wie eine Eingeborene. Ich habe sie mir ebenso ausgesucht wie das Krankenhaus, in dem mein Kind zur Welt kommen soll, und ich habe darum gebeten, in der Abteilung niederkommen zu dürfen, in der ich wenigstens ein paar der Hebammen kenne. Wenn ich es gewollt hätte, wäre auch eine Hausgeburt möglich gewesen, ich will meine Nachbarn aber nicht mit meinem Geburtsgeschrei belasten. Außerdem ist mein Badezimmer zu klein für eine Wanne. Ich will die große Badewanne des öffentlichen Krankenhauses, die Sicherheit, dass mir, sollte es nötig werden, gleich mehrere Hebammen zur Seite stehen können.

In einem zoologischen Garten in einem anderen Land liegt ein Gorillaweibchen *(Gorilla gorilla)* auf dem Rücken in seinem Käfig. Die Gorillamutter ist größer als ich, soll aber ein kleineres Baby zur Welt bringen, nachdem sie fast ebenso lang wie ich trächtig war.[1]

Sie ist nicht im Dschungel, sie lebt in einer künstlichen Umwelt, aber vielleicht kennt sie nichts anderes und wurde hier geboren. Ihr Bauch ist auch im nicht trächtigen Zustand rund, Gorillas sind Pflanzenfresser und ihr großer Magen bietet genügend Raum, die faserreichen Blätter zu verdauen.

Die Geburt geht schnell. In der Wildnis sondert das Weibchen sich in einer der Pausen von der Nahrungssuche etwas von der Gruppe ab. Wilde Gorillas bleiben in der Nähe der Gruppe, gebären aber allein, ohne Hilfe, und die Geburt dauert nur selten länger als dreißig Minuten.[2]

Die gebärende Gorillamutter im Zoo hält ihre Füße, während sie das Baby aus dem Körper presst. Als der Kopf draußen ist, tastet sie mit der Hand danach. Das Gesicht des Babys ist der Mutter zugewandt, und diese legte die Hand hinter den Hinterkopf des Neugeborenen, stützt den Kopf durch die nächste Wehe, bei der der Rest des Körpers herausrutscht. Sie gebiert auf einem Berg Heu hinter Gitterstäben, nicht im Blattwerk. Die Angestellten vor dem Käfig seufzen erleichtert, als das Kleine draußen ist. Die anderen Gorillas sitzen etwas abseits. Die Gebärende wird in Ruhe gelassen, allein ist sie aber nicht. Schließlich richtet sie sich auf, hält den Kopf des Babys mit beiden Händen und stützt seinen Körper mit den langen Fingern und dem Daumen eines Fußes. Sie sieht dem Baby in die Augen und leckt den Schleim weg, den das Kleine in der Nase hat. Von nun an werden sie zu zweit sein, die Mutter wird ihr Baby dicht am Körper tragen, wo es sich schon bald selbst im Fell festkrallen und ihre Brust finden wird, um zu trinken.[3]

Wir Menschen sind die Einzigen, die sich bei der Geburt helfen lassen. Unser Becken weitet sich in der Schwangerschaft um ein paar Millimeter, der Geburtskanal ist aber noch immer extrem eng. Der Kopf meines Fötus ist nicht kugelrund, sondern oval, sodass er am einfachsten mit dem Hinterkopf voraus durch den Geburtskanal kommt. Dieser Kanal hat aber nicht überall dieselbe Form. Ganz oben, wo der Kopf meines Babys seine Reise beginnen muss,

ist er breiter als hoch. Auf halber Strecke ändert sich das dann. Der Fötus muss sich drehen, um mit seinem großen Kopf und den Schultern hindurchzukommen. Bei der Geburt blickt er damit in die andere Richtung als das Gorillababy. Würde ich versuchen, mich nach unten zu beugen, um selbst seinen Kopf zu halten – also ohne Hilfe einer Hebamme oder anderer Menschen –, würde ich riskieren, dass der empfindliche Hals des Babys zu sehr nach hinten gedrückt und geschädigt wird.[4]

Der durchschnittliche Durchmesser des menschlichen Geburtskanals beträgt an der breitesten Stelle 13 und an der engsten 10 Zentimeter. Durchschnittlich misst der Kopfdurchmesser eines Neugeborenen an der breitesten Stelle 10 Zentimeter und der Abstand von Schulter zu Schulter 13 Zentimeter.[5] Mit anderen Worten: Es wird ziemlich eng.

Natürlich können auch Menschen ihre Kinder theoretisch allein zur Welt bringen. Wir tun das aber nur sehr selten. Anthropologische Untersuchungen zeigen, dass es in einigen wenigen ethnischen Gruppen manchmal zu Geburten ohne fremde Hilfe kommt, wobei es sich dabei in der Regel nicht um die erste Geburt einer Frau handelt. In den absolut meisten menschlichen Kulturen wird den Frauen bei der Geburt durch einen Partner, eine Partnerin oder eine erfahrene Geburtshelferin mit medizinischer Kompetenz geholfen.[6]

Vermutlich ist das keine neue Errungenschaft. Unser großer Kopf und der enge Geburtskanal haben sich evolutionsmäßig zeitgleich mit der Fähigkeit zur Zusammenarbeit und gegenseitiger Hilfe entwickelt. Nicht nur wir Menschen haben einen engen Geburtskanal und Babys mit großen Köpfen. Bei den Gibbons kommt es immer wieder zu Totgeburten, weil der Kopf des Fötus zu dick für den Geburtskanal ist. Diese Tiere haben aber den Vorteil, dass das Baby mit dem Gesicht zur Mutter geboren wird, auch wenn sich auch das Gibbonbaby bei der Geburt etwas drehen muss.[7]

Wir Menschen suchen aktiv Hilfe, wenn wir niederkommen, es verwundert deshalb nicht, dass Geburtshilfe seit der Frühsteinzeit dokumentiert ist.[8] Vermutlich reicht diese Art der Hilfe aber noch weiter zurück. Wenn ein Kind mit dem Gesicht von der Mutter abgewandt geboren wird, ist es nicht nur schwierig, das Köpfchen zu stützen, man kann auch nicht allein den Schleim aus dem Mund oder eine Nabelschnur entfernen, die um den Hals liegt. Ebenso wenig kann man die Schultern des Babys in die richtige Position rücken, sollte es feststecken. Für all das braucht man Hilfe.

Unsere komplizierten Geburten haben sich evolutionär als Folge einer ganzen Reihe von Eigenschaften entwickelt. Wir haben ein schmales Becken, um unsere Eingeweide am Platz zu halten. Wir haben mit der Zeit immer größere Gehirne entwickelt, womit auch die Köpfe unserer Babys bei der Geburt größer geworden sind. Deshalb arbeiten wir zusammen. Einige Wissenschaftler sind der Ansicht, dass Hilfe während der Geburt bereits nötig war, als der Mensch ernsthaft begann, auf zwei Beinen zu gehen – also vor vier bis fünf Millionen Jahren.[9]

Unser Körper und unser Verhalten haben sich im Laufe der Evolution langsam und im Zusammenspiel verändert. Hilfestellungen bei der Geburt haben dazu geführt, dass weniger Gebärende und auch weniger Neugeborene sterben. Vermutlich hatte auch das Einfluss auf den Evolutionsdruck auf das Becken und unseren engen Geburtskanal.[10] Vielleicht ist der Kanal so eng, weil wir Hilfe bekommen. Wer um Hilfe bei der Geburt gebeten hat, ist besser zurechtgekommen, weshalb dieses Verhalten sich dann bei der weiteren Entwicklung des Menschen verbreitet hat.[11]

Möglicherweise bezieht sich dies nicht nur auf die physische Hilfe bei der Geburt. Menschen sind soziale Wesen. Wir suchen die Gemeinschaft mit anderen Menschen, wenn wir glücklich oder traurig sind, wir bitten um Hilfe, wenn wir Schmerzen haben, und wir brauchen die Sicherheit der anderen, wenn wir Angst haben. Vielleicht haben sich auch diese Bedürfnisse gemeinsam mit unserem Körper und der Art, wie wir gebären, verändert. Wir brauchen Sicherheit und Fürsorge. Wir gebären mit Helfern an unserer Seite, weil die physische Hilfe eine bessere Überlebenschance gibt und weil uns die Anwesenheit anderer emotionale Sicherheit und Unterstützung gibt.[12]

Ich werde nicht allein gebären, sondern in sicherer Gemeinschaft. Moderne Geburtshilfe, ärztliches Wissen und Medikamente haben Millionen von Leben gerettet. Ohne Krankenhäuser und moderne Medizin wäre die Sterberate bei Gebärenden und Säuglingen deutlich höher. Krankenhäuser waren aber nicht immer der beste Ort für Hochschwangere. Mitte des 19. Jahrhunderts war die Zahl der Frauen, die in europäischen Krankenhäusern dem Kindbettfieber erlagen, extrem hoch – wir reden hier von 25 bis 30 Prozent aller Gebärenden. Wer es sich leisten konnte, brachte sein Kind zu Hause zur Welt, wo das Risiko, an Kindbettfieber zu erkranken, deutlich geringer war. Die Ärmsten der Armen, Prostituierte und die Frauen, die uneheliche Kinder zur Welt brachten, landeten aber im Krankenhaus.

Der Arzt Ignaz Semmelweis entdeckte schließlich, dass die Sterblichkeit in einem Wiener Krankenhaus auf derjenigen Abteilung am größten war, auf der die Studenten unterrichtet wurden. Die andere Abteilung war dem Unterricht von Hebammenschülerinnen vorenthalten. Der wesentliche Unterschied zwischen diesen beiden Gruppen bestand darin, dass die Medizinstudenten direkt aus dem Sektionssaal kamen, wo sie tote Körper seziert hatten, ohne sich die Hände zu waschen, bevor sie dann bei der Geburt halfen.

Als Semmelweis dafür sorgte, dass alle sich die Hände wuschen, sank die Infektionsrate drastisch. Trotzdem dauerte es lang, bis diese Praxis sich auch im restlichen Europa ausbreitete. Viele standen Semmelweis' Entdeckung skeptisch gegenüber, und noch viele Gebärende mussten ihre Leben lassen, bevor Hygiene wirklich Einzug hielt.[13]

Heute waschen sich alle die Hände. Die Infektionsraten sind gering und nur noch wenige Patienten sterben. Die moderne Medizin kann heute viele Menschen retten, die früher gestorben wären. So werden heute alle Neugeborenen durch eine schnelle Blutprobe auf Phenylketonurie (früher als Föllingsche Krankheit bezeichnet) getestet und anschließend so behandelt, dass sie sich normal entwickeln. Phenylketonurie ist eine Stoffwechselstörung, die unbehandelt zu Hirnschäden führt.[14]

Aber auch in der modernen Geburtshilfe fehlt manchmal das Wissen, um Gebärenden und Neugeborenen den bestmöglichen Start zu ermöglichen.

Zwischen den 1950er- und 1960er-Jahren blieben Frauen nach der Geburt sehr lange in den Krankenhäusern. Es gab kaum noch traditionelle Hausgeburten, und die Frauen blieben auch noch während der Wochenbettzeit in den Krankenhäusern und sollten einige Tage ruhen. Der Mindestaufenthalt in den Krankenhäusern betrug acht Tage. Damit die Mütter genug Ruhe bekamen und neue Kräfte sammeln konnten, durften diese ihre Babys nur alle vier Stunden sehen, um sie zu stillen. Man ging damals davon aus, dass Fürsorge und Nähe in der Zwischenzeit nicht wichtig waren.[15] Statt mit den Babys zu kuscheln, sollten die Mütter ihre Ruhe haben. Man glaubte damals wirklich, dass Neugeborene außer Nahrung keine anderen Bedürfnisse haben und sie weder Schmerz noch Angst oder Sehnsucht empfinden. Noch bis in das Jahr 1980 gibt es Dokumentationen von Herzoperationen an Neugeborenen ohne Betäubung.[16] Warum das Risiko einer Betäubung eingehen, wenn der kleine Körper ohnehin noch keine Schmerzen empfindet? Die kleinen, noch sprachlosen Kinder müssen unerträgliche Schmerzen durchlitten haben. Heute wissen wir, dass Menschen jeden Alters Schmerz empfinden. Zeitgleich mit der Erkenntnis, dass auch Babys ein Schmerzempfinden haben, erkannte man, dass sie auch die Nähe zu einer Bezugsperson und Kontakt mit anderen Menschen brauchen, um sich bestmöglich zu entwickeln.[17] Heute werden die Neugeborenen in norwegischen Kliniken direkt auf die Brust ihrer Mütter gelegt, der Fokus richtet sich darauf, dass Mütter und Babys gleich von Anfang an durch Haut- und Augenkontakt eine enge Bindung entwickeln.

Während wir zu verstehen begonnen haben, dass unsere Babys lebende Wesen sind, die uns nah sein und uns riechen und hören können müssen, um zu entspannen, scheinen wir zu vergessen, dass die Körper der Gebärenden das Resultat einer Millionen von Jahren andauernden Evolution sind. Unsere Geburten sind das Produkt der Evolution unseres Beckens, unseres Gehirns und der Fähigkeit, zusammenzuarbeiten und sich bei der Geburt sowohl physisch als auch emotional zu helfen. Angst und Stress machen die Wehen schlechter. Der Körper will nicht gebären, wenn er sich nicht sicher fühlt. Einige Wissenschaftler sind der Meinung, dass es am Anfang der Menschheit in Wahrheit Angst und Schmerz waren, die dazu geführt haben, dass wir uns bei der Geburt gegenseitig helfen, und nicht der enge Geburtskanal. Die emotionale Unterstützung bei den Geburten ist damals wie heute nicht weniger wichtig als die physische Geburtshilfe.[18]

Aber wird darauf heute Rücksicht genommen? Die Zeit, die wir im Krankenhaus verbringen, ist auf ein Minimum reduziert worden, und die Erwartungen, wie schnell wir nach der Geburt wieder fit werden sollen, steigen ins Grenzenlose. Wir fahren ins Krankenhaus, um sicher gebären zu können, nur dass die Krankenhäuser nicht mehr darauf eingerichtet sind, uns auch bei der evolutionsbedingten Furcht zu helfen. Eine Geburt dauert häufig länger als die Schicht einer Hebamme, und es ist alles andere als sicher, dass genug Hebammen in der Klinik arbeiten, damit auch nur eine die ganze Zeit bei einem ist.

Ein Übersichtsartikel zu diesem Thema zeigt, dass es sowohl für die Gebärende als auch für das Neugeborene besser ist, wenn ein und dieselbe Person während der gesamten Geburt anwesend ist. Dies ist in den heutigen Krankenhäusern aber eher die Ausnahme als die Regel. Die Analyse macht deutlich, dass die Chance auf eine Geburt ohne einleitende Medikamente bei konstanter Betreuung deutlich größer ist. Auch sind die Geburten im Schnitt kürzer und weisen eine geringere Kaiserschnitt- und Komplikationsrate auf, wenn dieselbe Person die gesamte Geburt begleitet.[19] Man mag in diesem Zusammenhang einwenden, dass die meisten bei der Geburt doch ihren Partner, eine Freundin oder ein Elternteil dabeihaben. Familienangehörige und enge Bezugspersonen sind wichtig. Die Forschung zeigt aber auch, dass die Unterstützung einer Person außerhalb des engsten Kreises und mit Erfahrung aus anderen Geburten, die nur anwesend ist, um der Gebärenden zu helfen, und keine weiteren Aufgaben im Krankenhaus hat, am besten ist. Doppelbelastungen führen häufig zu Stress und Partner und Angehörige kennen sich nur selten mit dem Ablauf einer Geburt aus. Hinzu kommt, dass sie nicht selten selbst Unterstützung brauchen, wenn sie miterleben, wie jemand, den sie lieben, eine Geburt durchsteht, und sie Angst haben, dass mit ihrem Kind oder Partner etwas passieren könnte.

Eine wichtige Rolle können in diesem Zusammenhang sogenannte Doulas spielen. Sie haben Erfahrung aus anderen Geburten, aber keine anderen Verpflichtungen im Krankenhaus. Ihre Aufgabe besteht darin, der Gebärenden zu helfen, ohne dabei medizinische Verantwortung zu haben oder medizinische Aufgaben zu übernehmen.[20] Der Effekt der Doulas ist auch in Norwegen anerkannt. Das Gesundheitswesen stellt Flüchtlingen, die neu ins Land gekommen sind und sich in schwierigen Lebenssituationen befinden, auf Wunsch Doulas mit unterschiedlichem kulturellem Hintergrund zur Verfügung.[21]

Die kontinuierliche Unterstützung durch eine Doula oder eine Hebamme, die während der gesamten Geburt anwesend ist, ist in norwegischen Krankenhäusern aber eher die Ausnahme als die Regel. Will man eine Chance darauf haben, muss man außerhalb der Geburtenhochsaison niederkommen und so schnell gebären, dass die anwesende Hebamme nicht vorher ihre Schicht beendet, und das ist nicht gerade wahrscheinlich.

Die Praxis der modernen Medizin ändert sich infolge neuer Entdeckungen. Das Problem ist, dass wir daran glauben müssen, bevor wir die Resultate sehen, genau wie bei der fehlenden sexuellen Monogamie bei Vögeln. So dauerte es lange, bis Semmelweis' Entdeckung der Wichtigkeit des Händewaschens sich wirklich verbreitete. Seine Kritik an der damals üblichen Vorgehensweise wurde zunächst als Provokation aufgefasst.[22] Wie ist es da erst mit der Erkenntnis, dass Gebärende emotionale Sicherheit brauchen, nicht nur ein lebendes Baby und eine weitestgehend intakte Vagina?

Wenn mein Kind erst mal auf der Welt ist, wird registriert werden, ob es per Kaiserschnitt geholt worden ist oder ob andere Eingriffe nötig waren. Sogar die Verwendung von schmerzstillenden oder wehenregulierenden Mitteln wird festgehalten. Das staatliche Krankenhaus wird über das Staatsbudget finanziert, und da ist es wichtig, welche Behandlungen durchgeführt wurden. Geburtsabteilungen bekommen ihre Gelder entsprechend der Anzahl Geburten, die sie durchgeführt haben, und je nachdem welche medizinischen Behandlungen nötig waren. Dieses System registriert aber nicht, ob die Angestellten genug Zeit hatten, um die Gebärenden während der Geburt kontinuierlich zu betreuen. Es hält nicht fest, ob meine Wehen zwischendurch infolge von Angst ausgesetzt haben oder ob ich durch eine erfahrene Hebamme so viel Trost und Zuspruch erhalten habe, dass die Geburt sogar ohne die Anwesenheit eines Arztes möglich war. Das System wertet die Stillberatung nicht als Behandlung und es zeigt den gesellschaftlichen Nutzen von frischgebackenen Eltern, die voller Zuversicht mit ihrem Kind nach Hause fahren und darauf vertrauen, ihm genügend Liebe und Fürsorge geben zu können, und nicht ständig den Arzt konsultieren, nicht auf.[23]

Aber vielleicht werden die Tatsachen, dass Fürsorge wichtig ist, auch wenn wir sie nicht beziffern können, und das Verständnis, dass unser Körper nicht nur medizinische Hilfe, sondern auch Sicherheit und Zuwendung braucht, die nächste große Entdeckung der modernen Medizin?

Woche 37

Ich schiebe meinen prallen Bauch vor mir her und habe das Gefühl, ihn mit den Armen halten zu müssen. Mein Schwerpunkt hat sich nach vorn verschoben, und irgendwie fühlt es sich so an, als ob ich einen Rucksack tragen müsste, um das Gewicht auszugleichen. Mein Nabel wandert weiter und weiter vom Rückgrat weg, meine Gebärmutter drückt meine Lungen nach oben und der Fötus tritt so fest gegen meine Rippen, dass ich fürchte, sie könnten brechen. Ich fühle mich wie ein Monster, wie ein Wal mit Verstopfung und bin komplett ratlos, wie ich das noch ein paar weitere Wochen aushalten soll. Aber glücklicherweise umgibt mein Skelett meinen Körper und nicht umgekehrt. So kann mein Bauch wachsen, bis ich nach vorne kippe, und bewegen kann ich mich trotzdem.

Der Kaiserskorpion *(Pandinus imperator)* trägt seine Jungen mittlerweile ebenso lang wie ich, doch bereits jetzt wird das Weibchen sie gebären.[1] Es kann bis zu 32 Junge in seinem Bauch tragen, doch im Unterschied zu mir hat es ein Exoskelett. Die harten Platten hüllen den Körper von außen ein und schützen den Skorpion vor Gefahren. Gleichzeitig begrenzen sie aber auch den Platz im Inneren. Jetzt, am Ende der Tragezeit, sieht das Weibchen so aus, als wäre es mit einer Luftpumpe aufgeblasen worden. Die Skelettplatten sind so weit auseinandergeschoben wie nur möglich, sie überlappen sich nicht mehr, sodass es in den Zwischenräumen ungeschützte Bereiche gibt. Das Tier bewegt sich langsamer und ist deutlich träger.

Das Weibchen versteckt sich in einem dunklen Hohlraum oder hinter einem Stein und spart seine Kräfte. Es droht mit seinem Giftstachel am Schwanz, der über den Körper gebogen ist, und hebt die Klauen an, sollte sich jemand nähern. Kaiserskorpione gehören zu den größten Skorpionen der Welt, sie werden bis zu zwanzig Zentimeter lang. Skorpione sind keine Insekten, sondern Kieferklauenträger. Sie sind auch keine Krebstiere wie die Hummer, auch wenn sie als Gliederfüßer (Arthropoda) sowohl mit den Insekten als auch den Krebstieren verwandt sind. Zu diesem Stamm zählen auch die Spinnentiere und Milben.

Skorpione existieren schon unglaublich lange; die ältesten gefundenen Exemplare sind über 430 Millionen Jahre alt[2] und sahen schon damals in etwa so aus wie heute. Wir wissen nicht, wann sie das Wasser verlassen haben, möglich sind die geologischen Zeitalter Silur oder Devon (also vor 430 bis 300 Millionen Jahren). In der Zeit danach haben sie dann begonnen, lebende Junge zu gebären. Während die Dinosaurier sich entwickelten, die Welt dominierten und wieder ausstarben, und die Säugetiere langsam ihren Raum einnahmen, jagten die Skorpione bereits mit ihrem Stachel und ihren Klauen nach Kleintieren.

Vor 37 Wochen hat das Weibchen ein Männchen getroffen, und dieses Mal haben sie sich nicht gegenseitig aufgefressen. Vielleicht hat das Weibchen Pheromone ausgesendet und dem Männchen so zu verstehen gegeben, dass es bereit ist, seine Spermien entgegenzunehmen. Auf jeden Fall haben die beiden sich an den Klauen gepackt und gemeinsam getanzt, wobei er sie über die Spermien gezogen hat, die er als Ballen am Boden abgelegt hat. Sie hat das Sperma durch ihre Geschlechtsöffnung aufgenommen, wodurch ihre Eier befruchtet wurden.

Dann kam die lange Tragezeit, in der die Föten langsam in ihrem Eierstocksystem heranreiften. Dieses System besteht aus drei langen Kanälen, die durch vier bis fünf querlaufende Röhren miteinander verbunden sind. Die Föten wachsen in separaten Kämmerchen heran und werden größer und größer, während das Skelett des Muttertiers sich mehr und mehr dehnt. Die Jungen haben weder Nabelschnur noch Eidotter,[3] sie beißen sich mit der sich früh entwickelnden Mundpartie in der Ausbuchtung fest und erhalten die Nahrung direkt über die Mutter.

Die Geburt der Kaiserskorpione dauert länger als einen Tag. Das Weibchen streckt dabei einige ihrer insgesamt acht Beine, sodass es hoch über dem Boden steht, mit den nicht gestreckten Beinen nimmt es die Jungen, die mit dem Schwanz voraus geboren werden, eines nach dem anderen entgegen. Sie fallen nicht auf den Boden, sondern werden vom Muttertier auf dessen Rücken gesetzt, wo sie die nächsten Wochen verbleiben, bis sie sich zum ersten Mal häuten. Bis dahin sind sie weich und schutzlos. Vor ihrer ersten Häutung nehmen die Jungtiere keine Nahrung auf, sie nutzen die

Energiereserven ihres Körpers, also die Nahrung, die sie noch über die Mutter bekommen haben. Findet die Mutter nach der Geburt nicht genug Nahrung für sich und die Jungen (nach deren erster Häutung), kommt es vor, dass sie einige ihrer Nachkommen frisst. Dies ist ein letzter Ausweg, aber es ist besser, selbst zu überleben und einen neuen Wurf produzieren zu können, als zu sterben.

Woche 38

Es wird immer enger für meinen Fötus, und je mehr er wächst und je stärker er wird, desto mehr tritt er mir gegen Rippen und Blase. Er will Arme und Beine ausstrecken und bohrt sie in meine Eingeweide, um mehr Raum zu bekommen. Findet er es langsam unangenehm? Will er raus, mehr Beinfreiheit haben? Noch dazu ist er in der Gebärmutter nicht allein. Bei ihm dort drin ist ein ganzes Organ, das er aufgebaut hat, seit er sich in meinen Schleimhäuten festgesetzt hat. Die Plazenta ist seine Lebensquelle, über sie bekommt er die Nahrung von mir, die er braucht.

Seine große Schwester wird vier, und die Wohnung ist voller Ballons und wilder Kindergartenkinder. Sie essen Pizza und Kuchen und mit der zunehmenden Zuckereinnahme steigt auch die Stimmung. Mein Fötus wird jedoch stiller, je lauter die anderen sind. Hört er ihnen zu, lernt er gerade, wie man Geburtstag feiert und wie sich die Stimmen anderer Kinder anhören?

Wenn ich ihn in wenigen Wochen auf die Welt bringe, wird die Plazenta mit ihm geboren. Er kommt zuerst, noch durch die Nabelschnur mit mir verbunden. Wir durchtrennen sie als Zeichen dafür, dass er von nun an nicht mehr mit mir verbunden ist, dabei führt die Nabelschnur ja eigentlich in die Plazenta, und dieser Mutterkuchen ist die wahre Trennung zwischen ihm und mir. Der Fötus baut die Plazenta auf. Sie entwickelt sich parallel zu dem heranwachsenden Baby, er hat sozusagen ihr Rezept im Gepäck, wobei die Energie für den Aufbau des Mutterkuchens natürlich von mir kommt. Zu Beginn umgibt die Plazenta den gesamten Fötus, doch wenn er heranwachst, bilden sich Teile davon zurück, sodass sie schließlich nur noch auf einer Seite von ihm liegt.

Mein und sein Blut sind nie in Kontakt miteinander. Sonst würde meine Immunabwehr ihn als Eindringling auffassen und versuchen, ihn abzustoßen. Die Plazenta wächst in die Gebärmutterschleimhaut hinein, nicht aber in das große, starke Muskelgewebe, das ebenfalls Teil meiner Gebärmutter ist. An der Seite des Fötus ist die Plazenta glatt, die Adern, die von der Nabelschnur in Richtung der Gebärmutterschleimhaut führen, verzweigen sich wie die Äste eines Baumes. An der Seite der Gebärmutter ist die Plazenta rau mit vielen Zotten und Einbuchtungen, weshalb die Oberfläche sehr groß ist, ähnlich wie bei unserem Darm. Die Zotten drücken sich in meine Schleimhaut und der intervillöse Raum, der Spaltraum zwischen den Zotten der Plazenta, wird durch die Spiralarterien mit Blut versorgt. In diesem Spaltraum befinden sich die fetalen Zottenbäume, über die der fetomaternale Gas- und Stoffaustausch stattfindet und der Fötus mit Sauerstoff und Nährstoffen versorgt wird.[1]

Wenn ich sowohl ihn als auch sein gieriges Organ geboren habe, untersucht die Hebamme die Plazenta, um zu überprüfen, ob sie normal aussieht. Tut sie das, entsorgt sie sie in einem Gefäß für infektiösen Abfall, der schließlich verbrannt wird. Die meisten anderen Tiere fressen ihre Plazenta auf. Wir Menschen tun das für gewöhnlich nicht. Auch Wale, Seehunde und Kamele rühren ihre Plazenta nicht an. Unsere nächsten Verwandten, die Menschenaffen, fressen sie. Es ist nicht immer die Gebärende, die die Plazenta frisst, manchmal sind es auch andere Weibchen, die sich in der Nähe befinden. Bei einigen Ratten- und Hamsterarten wird das nährstoff- und hormonreiche Fleisch auch von anderen in der Gruppe, Vätern oder Geschwistern, gefressen.

Es deutet wenig darauf hin, dass die Menschen vor uns die eigene Plazenta gegessen haben, obwohl in der traditionellen chinesischen Medizin getrocknete Plazenta zu finden ist. Behandelt werden damit sowohl Männer als auch Frauen, und helfen soll dies gegen langwierigen Husten oder Erektionsprobleme. Auch in diesem Fall sind es also nicht die Gebärenden selbst, die die Substanz nach der Geburt zu sich nehmen, wie es ansonsten im Tierreich üblich ist.

Es gibt zahlreiche Gründe, warum Tiere ihre Plazenta fressen. Häutchen und Schleim können die Atemwege der Jungen blockieren und müssen beseitigt werden, zusätzlich wird mit dem Ablecken von Nase und Maul das Band zwischen Muttertier und Nachwuchs gestärkt. Überdies enthält die Plazenta reichlich Nährstoffe, und bei manchen Tieren hilft der Verzehr der Plazenta, damit die Milch schneller einschießt. Ein dritter Punkt ist, dass die Tiere durch den Verzehr der Plazenta Spuren beseitigen, die sonst dazu führen könnten, dass Raubtiere in die Nähe der Neugeborenen gelangen.[2]

Wenn die menschliche Plazenta geboren wird (wir sprechen von der Nachgeburt), sieht sie wie eine blaurote Scheibe aus, etwa zwei bis drei Zentimeter dick und 15 bis 20 Zentimeter im Durchmesser. Sie wiegt in der Regel zwischen 500 und 600 Gramm.[3]

Seit den 1970er-Jahren steigt auch bei den Menschen der westlichen Welt das Interesse, den Mutterkuchen zu essen. Dies hat mit dem zunehmenden Glauben an die Naturmedizin zu tun, sodass es mittlerweile Firmen gibt, die den blutigen Mutterkuchen in Form von Kapseln mit einem getrockneten Pulver anbieten, die die Entbundenen nach der Geburt zu sich nehmen können.

Es gibt nur wenige Studien über den Nutzen von getrocknetem Mutterkuchen für uns Menschen, das Wenige, was wir wissen, deutet allerdings daraufhin, dass die Vorzüge bei Weitem nicht so groß sind, wie es uns auf den Beipackzetteln versprochen wird. Die positiven Auswirkungen auf gesteigertes Hormonniveau, bessere Milchproduktion oder rasche Gewichtszunahme der entbundenen Babys scheint es jedenfalls nicht zu haben. Einige schwören darauf, den Mutterkuchen als Steak zu braten oder einen Smoothie daraus zu mixen, aber die Zweifel daran, ob dies wirklich zu positiven Effekten führt, sind groß. Vielleicht reduziert sich das Risiko für eine postnatale Depression, andererseits kann das Verzehren der rohen Masse auch zu Infektionen führen. Überdies wissen wir nicht, ob die Menge an Hormonen und anderen Stoffen nicht sogar giftige Konzentrationen erreichen kann.[4]

Die Plazenta ist das Organ der Säugetiere mit den größten Variationen.[5] Wir Säugetiere sind verschieden, von Fledermäusen bis Menschen, von Delfinen bis Giraffen, doch die Mutterkuchen der verschiedenen Säugetiere unterscheiden sich noch mehr. Mutterkuchenähnliche Strukturen finden sich überdies nicht nur bei Säugetieren, sondern auch bei Kriechtieren, Amphibien und Fischen. Ähnliches finden wir sogar bei Wesen wie Stummelfüßern und Gliederfüßern (das ist die Klasse, in der wir Insekten, Spinnen und Krebstiere finden),[6] also auch bei Tieren, die kaum unterschiedlicher als wir sein könnten.

Bei einigen Säugetieren steht die Plazenta kaum in Kontakt mit dem Gewebe der Mutter, als würde sie höflich um ein paar Nährstoffe bitten. Bei anderen dringt sie tief in das Gewebe ein und übernimmt die Kontrolle über den Blutstrom, wie zum Beispiel beim Menschen.[7] Der Mutterkuchen ist ein wichtiger Player im Kampf der Schwangeren mit dem Fötus, zwischen mir und dem Baby, das jetzt bald rauswill.

Die am stärksten in das mütterliche Gewebe eindringenden Mutterkuchen finden wir bei den Affen. Vielleicht liegt das daran, dass ihr Gehirn zu groß ist. Das Hirn der Primaten ist fünf- bis zehnmal größer als das eines durchschnittlichen Säugetiers.[8] Der Aufbau des fetalen Gehirns braucht viel Energie, und es kann einiges schiefgehen, sollte es nicht richtig aufgebaut werden. Wenn der Fötus die Kontrolle über die Spiralarterien übernimmt und so dafür sorgt, dass er genug Nährstoffe bekommt, sichert er damit die Entwicklung seines eigenen Gehirns. Der Nährstoffaustausch durch den Mutterkuchen ist intensiv. So intensiv, dass sogar einige der Zellen des Fötus in den Körper der Schwangeren eindringen. Dort können sie noch lange nach der Geburt verweilen, vielleicht sogar ihr ganzes Leben.[9]

Bei dem Gedanken, dass einige Menschen ihren Mutterkuchen essen, kommt die Übelkeit zurück, egal, ob sie ihn braten oder als Smoothie zubereiten. Ich will mit dem Blutklumpen, den mein Baby aufgebaut hat, nichts zu tun haben. Mich interessiert das Baby, nicht das Organ, das es aufgebaut hat, um Nahrung zu bekommen. Ich will die Nabelschnur durchschneiden, will seine Haut auf meiner spüren, ganz egal wie wichtig dieses Organ auch war, damit aus dem kleinen Fötus letztlich ein Mensch werden konnte.

Woche 39

Tief im Inneren eines morschen Baumstumpfs, irgendwo in den Tropen, liegt ein trächtiges Stummelfüßerweibchen *(Onychophora)*. Es ist nicht groß, die größten Arten erreichen kaum 15 Zentimeter, aber viele sind kürzer und einige Arten messen vom Kopf bis zur Schwanzspitze des länglichen, dünnen, schlangenartigen Körpers nur fünf Millimeter. Sie sehen aus wie eine Schlange aus Samt, mit einer weichen Haut, auf der das Wasser abperlt. Genauer gesagt, eine Schlange mit Beinen, je nach Art ragen 13 bis 43 kleine Beinpaare mit winzigen Klauen aus den Seiten der Tiere. Oben auf dem Kopf hat das Weibchen zwei Antennen und zwei winzige Augen, auf der Unterseite starke Kiefer, mit denen es Insekten und kleine Spinnen knacken kann. Das Weibchen ist trächtig, die zahlreichen Stummelfüßerföten in ihrem Bauch wollen raus.

Stummelfüßer sind weder Schlangen noch Insekten, Würmer oder Krebstiere. Sie sind ein eigener Tierstamm, der unsere Erde mehr oder weniger unverändert seit 500 Millionen Jahren bevölkert. Wir kennen rund 200 Arten, deren Verbreitung durch das Zerbrechen des Superkontinents Gondwana vor etwas mehr als 200 Millionen Jahren bestimmt wurde. Stummelfüßer gibt es in tropischen und subtropischen Regionen, die heute weit voneinander getrennt sind, früher aber einmal zusammenhingen.[1]

Die verschiedenen Stummelfüßerarten sehen äußerlich recht gleich aus. Ihr Körperbau ist ähnlich, die Tiere sind weich und haben viele Beine. Achtet man aber darauf, wie sie sich reproduzieren, gibt es große Unterschiede. Einige legen Eier, andere produzieren Eier und lagern sie im Körper und wieder andere haben lebende Junge im Bauch, die sie wie wir im Körper ernähren. Die untersuchten Arten bekommen pro Jahr zwischen einem und dreiundzwanzig Junge, und einige Arten haben eine Tragezeit von bis zu fünfzehn Monaten.[2] Manche Arten haben Föten unterschiedlicher Entwicklungsstufen in ihrem Körper, darunter einige, die bald geboren werden, andere, die noch lange im Körper bleiben, bis sie bereit für die Welt sind. Wieder andere Arten können ihr Sperma über Jahre speichern oder sind mittels spezieller Organe in der Lage, Spermien, die sie nicht haben wollen, weil sie ihnen von aufdringlichen Männchen aufgezwungen wurden, abzutöten. Aber damit nicht genug, denn auch die Art der Befruchtung ist extrem unterschiedlich. Einige Arten erhalten die Spermien der Männchen durch Geschlechtsöffnungen, die männlichen Tiere haben dafür einen kleinen Auswuchs am Kopf. Andere nutzen nicht ihre Geschlechtsöffnungen, sondern deponieren eine Spermienpackung auf der Haut des Weibchens, von wo die Spermien in den Körper diffundieren.[3]

Einige Männchen packen sich die Spermien wie ein kleines Geschenk als Spermatophore auf den Kopf. Mit dieser Krone nähern sie sich den Weibchen. Sehen die Weibchen darin einen attraktiven Schmuck? Spielt die Art, wie die Männchen diese Pakete auf dem Kopf tragen, eine Rolle bei der Partnerwahl? Spüren sie es im Körper kribbeln?

All das wissen wir nicht. Bis jetzt sind nur wenige Paarungen beobachtet worden. Bei einer der wenigen, die beschrieben wurden, hat das Weibchen den Kopf des Männchens mit der Spermienkrone während des gesamten Akts, der gut fünfzehn Minuten gedauert hat, fest an seine Geschlechtsöffnung gedrückt. Wir wissen nicht, warum sich die Männchen eine Spermienkrone aufsetzen oder wie sie ihr Sperma überhaupt auf den Kopf bekommen. Möglicherweise ist es eine Anpassung an den engen Lebensraum im morschen Holz. Kopf an Hinterteil ist bei langen, dünnen Körpern möglicherweise die am wenigsten raumgreifende Methode.

Vielleicht ist das auch der Grund, warum manche Arten die Spermatophoren durch die Haut aufnehmen. Bei einer der am intensivsten untersuchten Arten legt das Männchen die Spermien irgendwo auf der Haut des Weibchens ab. Blutzellen durchdringen anschließend sowohl die Haut als auch das Sperma und über die blutgefüllten Hohlräume des Körpers finden die Spermien die Eierstöcke und befruchten dort die Eier.[4]

Kommen wir zurück zu unserem trächtigen Stummelfüßerweibchen, das den Körper voller kleiner Larven hat. Vielleicht wird es bald gebären, vielleicht dauert es aber auch noch weitere sechs Monate, bis die Jungen kommen. Vielleicht spürt es kaum, dass es trächtig ist, während es durch seine Gänge kriecht und Insekten und Spinnen fängt. Vielleicht empfindet es den eigenen Körper aber auch als schwerfällig und wenig kooperativ. Vielleicht stößt es unterwegs auf ein Männchen mit einer Spermienkrone, das es aber ablehnt, weil es nicht in der Stimmung ist, sich zu paaren. Vielleicht erliegt es aber auch seinem Charme. Wir wissen sehr wenig über die Stummelfüßer und wie sie sich reproduzieren – und noch weniger wissen wir, was sie denken oder überhaupt von dieser Situation halten.

Woche 40

Bei der nächsten Kontrolluntersuchung tastet die Hebamme meinen Muttermund ab. Der Reiz soll die Geburt initiieren. Ich bin bereit, alles nur Erdenkliche über mich ergehen zu lassen, damit das Baby endlich kommt. Ich bin die Schwangerschaft leid. Ich habe die Umstandshose mit dem weichen, elastischen Stoff, der über den gesamten Bauch reicht, ausgezogen, mich auf einer Pritsche nach hinten gelehnt und die Beine aufgestellt. Es ist nicht leicht, mit dem dicken Bauch auf dem Rücken zu liegen, ich habe ein Kissen unter dem Rücken, der Fötus drückt mir aber trotzdem auf die Lungen, sodass ich nur schwer atmen kann. Die Hebamme streift einen Handschuh über und befühlt erneut den Muttermund, das Tor zu meinem Baby. Ein stechender Schmerz schießt durch meinen Körper. Als sie die Hand wieder herauszieht, ist Blut am Handschuh. Der Muttermund ist reif, sagt sie und versucht mich zu trösten. Sie sieht mir an, wie sehr ich mich nach dem Ende der Schwangerschaft sehne.

Ich stelle mir den Muttermund wie eine unreife Banane vor, von der man die Schale nicht abbekommt, ohne das Fruchtfleisch zu zermatschen. Nach der Kontrolle watschele ich zum Bus. Zum Glück finde ich gleich einen freien Platz, ohne erst jemanden bitten zu müssen, mir seinen zu überlassen. Ich weiß in diesem Moment nicht, dass ich schon beim nächsten Mal, wenn ich in diesem Bus sitze, auf dem Rückweg vom Krankenhaus sein werde – mit einem Baby im Wagen.

Auch der Sandtigerhai *(Carcharias taurus)* macht sich zur Geburt bereit.[1] Der graue Hai wird zwei bis zweieinhalb Meter lang, hat einen stromlinienförmigen, langgestreckten Körper, einen weißen Bauch, kleine Augen und scharfe Zähne. Sandtigerhaie leben in den Meeren vor Japan, Australien, Südafrika und entlang der Ostküste von Nord- und Südamerika. Sie haben ihren Namen, weil sie sandige Bereiche von den flachen Uferzonen bis in Tiefen von 190 Metern bevorzugen. Sandtigerhaie fressen Fische, Krebse, Tintenfische, Rochen und andere Haie, die sie am Meeresgrund jagen.[2]

Ihre Art zu reproduzieren unterscheidet sich von den meisten anderen Hai-Arten. Das Weibchen ist nach 40 Wochen Tragezeit träge und schwer. Die Jungen sind in ihr herangewachsen, und in den beiden separaten Gebärmutterkammern befindet sich mittlerweile nur noch jeweils ein Junges. Der Rest der befruchteten Eier, mit denen ihre Tragezeit begonnen hatte, ist von den Föten gefressen worden, die als erste groß genug waren, um feste Nahrung zu sich zu nehmen. Dieser Vorgang wird als intrauteriner Kannibalismus bezeichnet. Wenn beide Föten alle befruchteten Eier gefressen haben, fahren sie bis zu ihrer Geburt damit fort, unbefruchtete Eier zu fressen, um sich so die notwendigen Nährstoffe zu holen.[3] Die beiden Haiföten sind mit einem Meter Körperlänge bald halb so groß wie ihre Mutter. Sobald sie geboren sind, kommen sie allein zurecht. Sie schwimmen fort, kaum dass sie im Wasser sind. In der Gebärmutter sind sie gut gefüttert und so groß geworden, dass sie nach der Geburt kaum natürliche Feinde haben. Vielleicht lohnt sich die Opferung der Geschwister, um Nachwuchs zu bekommen, der groß genug ist, um nicht gleich von anderen gefressen zu werden. Der Eierstock des Sandtigerhais wiegt bis zu achteinhalb Kilogramm und kann mehr als 22 000 Eier enthalten. Das ist für die heranwachsenden, die Kontrolle übernehmenden Föten mehr als genug.[4]

Auch eine andere Art bekommt jetzt bald ihre Junge. Die Rede ist von einer Unterart des europäischen Feuersalamanders, *Salamandra salamandra bernadezi*. Diese Art hat wie die anderen Unterarten des Feuersalamanders eine schwarzgelbe Zeichnung – eine deutliche Warnung für seine Giftigkeit. Sie legt keine Eier wie viele andere Salamander und vermeidet somit das Risiko, dass die Laichplätze austrocknen oder die Eier von Räubern gefressen werden. Die Weibchen behalten die Eier im Körper und gebären nach neun bis zwölf Monaten lebende Junge. Die genaue Tragezeit ist abhängig von der Umgebungstemperatur und anderen Umweltfaktoren. Während die im Wasser abgelegten Eier der anderen Salamander schlüpfen und zu kleinen Salamanderlarven werden, die erst durch weitere Metamorphosen zu erwachsenen Salamandern heranreifen, schlüpfen die Jungen von *Salamandra salamandra bernadezi* im Körper und verbringen ihr Larvenstadium dort. Wenn sie das Kiemenstadium hinter sich haben und ihre Lungen wie bei den erwachsenen Tieren entwickelt sind, gebärt das Weibchen sie als Mini-Erwachsene, die bereit sind für ein Leben an Land und im Wasser.[5]

Wenn ich niederkomme und die erste, grundlegende Reproduktionsarbeit damit endlich beendet ist, müssen andere Arten ihre Föten noch lange in sich herumtragen. Die Quastenflosser (Coelacanthiformes), eine Gruppe von Fischen, die man lange für ausgestorben hielt, bis man plötzlich ein lebendes Exemplar im Meer schwimmend beobachten konnte, haben vermutlich eine Tragezeit von einem Jahr.[6] Genau wie die Tümmler, die mit ihren ungeborenen Jungen sprechen, müssen sie noch zwölf Wochen durchhalten.

Das Junge des Grauen Riesenkängurus ist schon in Woche fünf in den Beutel gekrochen, trotzdem ist die reproduktive Art bei ihm noch nicht beendet. Wenn die Geburt meines Babys einsetzt, muss es sein Junges noch dreizehn weitere Wochen im Beutel mit sich herumtragen.

Pottwale *(Physeter macrocephalus)* sind vierzehn bis sechzehn Monate trächtig und kalben nur alle fünf bis sieben Jahre. Sie stillen ihre Jungen über mehrere Jahre hinweg.[7]

Der Europäische Hummer *(Homarus gammarus)* trägt seine Eier zwei Jahre mit sich herum. Das Weibchen baut den Rogen über ein

Jahr hinweg im Körper auf, ehe es die Eier aus dem Körper entlässt und mit den Spermien befruchtet, die es zuvor gespeichert hat. Anschließend werden die Eier an den Schwimmfüßen des Hinterkörpers angeheftet, wo sie ein Jahr festsitzen, bis die Jungen schließlich schlüpfen.[8]

Afrikanische Elefanten *(Loxodonta spp.)* sind mit zweiundzwanzig Monaten beinahe ganze zwei Jahre trächtig. Wenn mein Kind zur Welt kommt, hat der afrikanische Elefant noch dreizehn Monate vor sich. Bei den Säugetieren ist das ein Rekord,[9] die Elefanten sind damit aber noch nicht die am längsten tragenden Tiere.

Der Tiefsee-Kragenhai *(Chlamydoselachus anguineus)*, der die Weltmeere bis in eine Tiefe von 1300 Metern bevölkert, ist die uns bekannte Art mit der längsten Tragezeit. Der eineinhalb Meter lange, aalartige Hai, den man als ein uraltes, lebendes Fossil betrachtet, kann bis zu dreieinhalb Jahre trächtig sein, bevor er seine zwei bis zehn Junge gebiert.[10]

Wir reproduzieren uns, seit das erste Leben vor 3,5 Milliarden Jahren entstanden ist. Und jetzt bin ich an der Reihe. Noch an diesem Abend wird meine Gebärmutter beginnen, sich rhythmisch zusammenzuziehen, und ich werde begreifen, dass das nicht bloß leichte Vorwehen, sondern richtige Wehen sind. Dann werde ich zum Krankenhaus fahren und wieder die Hebamme treffen, bei der ich schon zur Kontrolle war. Sie wird mir sagen, dass sie wusste, dass ich heute Abend kommen würde, und mir genug Sicherheit geben, um meinen Körper einfach machen zu lassen.

Meine Gebärmutter presst in der Nacht einen lebendigen, kleinen, süßen Jungen aus mir heraus. Direkt danach folgt der Mutterkuchen. Ab diesem Moment sind wir physisch nicht mehr miteinander verbunden. Mit meinem Neugeborenen auf der Brust verspüre ich plötzlich ein unbändiges Interesse für den Mutterkuchen, mit einem Mal weckt er keine Übelkeit mehr. Vielleicht sind es all die Hormone und die Freude darüber, die Geburt überstanden zu haben, vielleicht auch ein Urinstinkt, der daran Schuld ist, dass ich unbedingt den Mutterkuchen sehen und an ihm riechen will. Die Hebamme zeigt mir die Metallschale mit der Plazenta und die sich von der Nabelschnur aus verzweigenden Adern. Sie spricht von einem Lebensbaum, überprüft das Organ auf Blutgerinnsel und Verfärbungen, findet aber nichts. Ihr Job ist damit beendet, und während ich die durchsichtige Plastikwanne, in der mein Junge liegt, auf einer Art Rollator in Richtung Krankenzimmer schiebe, legt die Hebamme den Mutterkuchen in einem verschlossenen Beutel in den Behälter für infektiösen Abfall.

Kragenhai, Sandtigerhai, Feuersalamander und ich haben gemeinsam, dass wir unseren Nachwuchs im eigenen Körper herumtragen. Diese Gemeinsamkeit basiert aber nicht auf einer gemeinsamen Evolution. Die Fähigkeit, lebende Junge zu produzieren, ist mehrfach von der Evolution hervorgebracht worden und hat unterschiedliche Ausgangspunkte. Und auch die Art, wie wir unsere Föten ernähren, unterscheidet sich. Mein Fötus hat einen Mutterkuchen aufgebaut und sich tief in die Gebärmutterschleimhaut gegraben. Er hat meinen Blutkreislauf angezapft, und ich habe ihn direkt über meinen Körper ernährt. Der Sandtigerhai gibt seinen Jungen seine Eier zu fressen, während die Jungen des Kragenhais von dem Dottersack leben, der gemeinsam mit den Eiern in der Mutter herangereift ist, bevor die Föten in der Eihülle eingekapselt wurden. Wir wissen nicht, ob das Weibchen des Feuersalamanders während der Tragezeit seine Jungen ernährt oder ob auch diese Föten von ihrem Dottersack leben. Was wir wissen, ist, dass die Fähigkeit, lebende Junge zu gebären, an sehr vielen Stellen des Lebensbaums entstanden und sicher keine neue Erfindung ist.

Die Skorpione begannen damit bereits vor 430 bis 300 Millionen Jahren, nachdem sie das Wasser verlassen hatten. Andere Arten hatten Nabelschnüre und gebaren zeitlich noch früher lebenden Nachwuchs. Eine 380 Millionen Jahre alte Panzerhaimama *(Placodermi)*, eine ausgestorbene Fischart, ist mit einem Embryo im Bauch zu einem Fossil geworden. Die Nabelschnur ist deutlich zu erkennen.[11]

Die ersten Säugetiere entstanden vor ungefähr 180 Millionen Jahren, und vor mindestens 140 Millionen Jahren teilten sie sich in zwei Gruppen auf, die Beuteltiere und die Plazentatiere.[12] Die genauen Zeitpunkte sind in der Geschichte der Evolution kaum zu benennen. Sie ändern sich mit neuen Entdeckungen und Technologien. Unsere sehr spezielle Plazenta entwickelte sich irgendwann vor der Trennung von Plazentatieren und Beuteltieren, und seither hat sich der sehr intime Nährstoffaustausch, den wir mit unseren Föten haben, bei den Plazentatieren massiv weiterentwickelt. Auch viele Kriechtiere gebären lebende Junge, aber die Evolution dieser Eigenschaft fand später als bei den Plazentatieren statt.[13] Fischsaurier (Ichtyosaurier), delfinartige marine Kriechtiere, die vor ungefähr 250 bis 100 Millionen Jahren lebten, sind ein Beispiel für eine Gruppe lebendgebärender Tiere, bevor die Säugetiere ihrerseits diese Eigenschaft entwickelt haben. Wir wissen aber nicht, ob sie ihren Nachwuchs über ihren Körper ernährt haben oder ob die Föten von ihrem Dottersack lebten.[14]

Bleibt die Frage, warum wir unsere Föten mit uns herumtragen und sie über unseren eigenen Körper ernähren. Wäre es nicht leichter, ein Ei zu legen, ohne dass der Körper von einem heranwachsenden parasitenartigen Organismus übernommen wird?

Die Antwort ist einfach, denn indem ich mein Baby mit mir herumtrage, statt ein Ei zu legen, es unter ein Blatt zu kleben oder irgendwo im Sand zu vergraben, schütze ich es gegen Austrocknung, Überschwemmung und vor Raubtieren. Hinzu kommt, dass ich auf diese Weise ziemlich kleine Eier produzieren kann und erst dann wirklich in sie investieren muss, wenn sie befruchtet sind. Tiere, die Eier legen, geben diese ins Wasser oder legen sie irgendwo in ein Nest und passen auf sie auf. Sie müssen ihnen von Anfang an die Nahrung geben, die die Föten für ihre Entwicklung brauchen. Ich muss nicht gleich für Monate Pausenbrote schmieren, ohne zu wissen, ob es wirklich ernst ist. Ich muss auch nicht auf Eier aufpassen, die mich irgendwo an einem Ort festbinden. Menschen müssen nicht wochen- oder monatelang still liegen, sieht man einmal von denen ab, die von ihren Föten übermannt und von ihren Körpern verraten werden, sodass sie sich die ganze Zeit nur erbrechen.

Andererseits kann man all diese Argumente auch umkehren. Eierlegende Tiere können sich öfter reproduzieren und mehr Kinder bekommen, außerdem sind ihre Körper nicht an monatelange Reproduktionsarbeit gebunden. Ein eierlegendes Weibchen wird nicht dick und langsam, es kann notfalls seine Eier verlassen und sich selbst retten, statt gefressen zu werden, sollte ein Raubtier es entdecken.

Die Evolution hat die Eigenschaft, lebenden Nachwuchs auf die Welt zu bringen, in den unterschiedlichsten Tiergruppen hervorgebracht. Sie findet sich ganze 150 Mal und muss folglich einiges für sich haben.[15] Für eine Schwangere und für ein trächtiges Tier ist das harte Arbeit, aber es funktioniert. Der Nachwuchs kommt, auch wenn der Pfad manchmal verschlungen ist.

Wie alle anderen Nachkommen, die durch sexuelle Reproduktion entstehen, begann auch mein Fötus als unbefruchtetes Ei. Die Augenkorallen haben ihre Eier ins Meer entlassen, während ich meines in mir behalten habe. Die Eier der Koralle haben ihre Spermien im Wasser gefunden, meines reiste durch den Eileiter in die Gebärmutter, wo es dann auf das Sperma gewartet und sich die richtige Samenzelle ausgesucht hat. Mein Ei hat sich in meine Schleimhaut gebohrt, während das der Eiderente in ein weiches Nest gelegt und bebrütet wurde. Die Grabenkröte wiederum hat sich die Eier auf den Rücken geklebt. Ich musste meinen Fötus die ganze Zeit mit mir herumtragen, während das Känguru die Geburt schnell hinter sich hatte, das Junge aber anschließend lange im Beutel herumtragen muss. Während mein Bauch dicker und dicker wurde und mein Nabel sich immer mehr vom Rückgrat entfernte, schoben sich die Platten des Exoskeletts des Kaiserskorpions immer weiter auseinander. Mein Junge wurde von mir durch den

Mutterkuchen ernährt, die Sandtigerhaie fressen ihre Geschwister, während die Föten der kleinen Kakerlake *Diploptera punctata* Gebärmuttermilch bekamen und die Kiwijungen einfach ihren großen Dottersack verspeisten.

Ich kann kein Ei legen, meine Urmütter haben mir eine Gebärmutter gegeben. Ich bin nach der Geburt müde, genau wie es die Eiderente war, als ihre Jungen endlich geschlüpft waren, oder das Seewolfmännchen, nachdem es sieben Monate lang nichts gefressen hatte.

Letztlich geht bei mir alles gut, der Junge kommt auf die Welt, wir überleben beide, und ich muss lediglich mit zwei Stichen genäht werden. Fürs Erste ist er das letzte Glied in einer langen Reihe von Organismen, die sich reproduziert haben. Von den ersten Zellteilungen in der Ursuppe bis hin zu der enormen Variation an Möglichkeiten, wie man seine Gene weitergeben kann.

Die erfolgreichste Reproduktionsstrategie ist diejenige, die so viele geeignete Nachkommen wie notwendig entstehen lässt, ohne dass die Eltern mehr Ressourcen aufwenden müssen, als sie haben. Die Seenelke, die Tüpfelhyäne, das Namaqua-Chamäleon, die Graumulle, die kleine japanische Blattlaus, wir und alle anderen Arten dieser Welt sind Beispiele dafür.

Während der Schwangerschaft ist es vielleicht ein Trost, dass ich nicht durch einen Pseudopenis gebären muss oder mein Kind 45 Prozent meines eigenen Körpergewichts wiegt. Und auch wenn nun das Stillen und die schlaflosen Nächte kommen, eine mit Sicherheit recht anstrengende Zeit, werde ich nicht sterben wie die Riesenkrake oder von meinen eigenen Kindern gefressen werden, wie die Afrikanische Soziale Spinne. Die Evolution hat mir Übelkeit beschert, Erbrechen, geschwollene Beine, ein schmerzendes Becken und einen schweren Bauch, aber auch Zusammenarbeit, die Möglichkeit, mein Kind aufwachsen zu sehen, und hilfsbereite Großeltern. Die lange Reise von der Ursuppe bis zu den Menschen, die wir heute sind, war erfolgreich. Auch wenn ich meine

Eierstöcke verflucht habe, als ich über der Kloschüssel hing und mich erbrochen habe, war das Wissen, dass ich das alles tue, um mein Baby zu schützen, eine Art evolutionärer Trost. Während der langen, schweren Schwangerschaft hat mir das Wissen, dass alles in meinem Körper aus einem konkreten Grund geschieht, Ruhe gegeben – es waren keine übernatürlichen Kräfte des Schicksals, sondern eine Konsequenz der Evolution. Und wenn das Kind erst geboren ist, ist es das alles in der Regel wert.

Woche 0

Nach zwei Tagen im Krankenhaus, Stillberatung, Blutproben und Plastiktabletts voll Krankenhausessen packe ich meine Schlafanzughose zurück in meine Tasche. Mein Partner schiebt den Kinderwagen in den Aufzug. Die große Nachtbinde reibt an meiner wunden Haut und zupft an den Fäden, mit denen meine Schamlippen genäht wurden. Zum Glück haben wir es nicht so weit. Wir fahren drei Etagen nach unten und gehen die wenigen Meter bis zur Bushaltestelle. Während der Bus durch die Stadt kurvt, kommt ein leises Knirschen aus dem Wagen. Der Kleine will etwas zu essen. Und zwar sofort. Ich nehme ihn auf den Arm, und als aus dem Knirschen ein kräftiges Saugen an meiner Brust wird, beugt eine ältere Frau sich über den Gang und gratuliert uns. Sie dringt dabei in meinen Intimbereich ein und streicht dem Kleinen beim Trinken vorsichtig über den Handrücken. Das neugeborene Menschlein zieht Aufmerksamkeit auf sich, und auch wenn er nicht zu der Gruppe der älteren Dame gehört, muss sie ihn einfach begrüßen. Es ist genau wie bei den Hanuman-Languren und Elefanten. Die Weibchen scharen sich um die frisch geborenen Jungen. In den zwanzig Minuten im Bus stehen wir plötzlich im Mittelpunkt, und die Frau erzählt uns, dass sie drei Kinder gestillt hat, und versichert mir dann, dass schon alles gut gehen wird. Wir würden alles richtig machen.

Ich kämpfe mich die Treppen in den dritten Stock hoch, während mein Partner das Baby und die Tasche mit all unseren Sachen trägt. In der Wohnung lege ich mich vorsichtig aufs Sofa, gestützt von Decken und Kissen. Mein Becken schmerzt und meine Eingeweide tun seltsame Dinge, als wüssten sie mit all dem neu gewonnen Platz nichts anzufangen. Irgendwie habe ich das Gefühl, eine Hand zwischen meine Beine halten zu müssen, damit meine Gebärmutter nicht rausrutscht. Mein Partner packt den kleinen neuen Menschen vorsichtig aus Daunensack, Wolldecke und warmen Kleidern. Der Kleine breitet die Arme aus und beginnt zu weinen, als er aus dem warmen Nest genommen wird, beruhigt sich aber sofort wieder, als er auf meinem Bauch liegt. Er schnuppert an meinem Hals und ich an seinem Haar.

Die Vierjährige ist mit den Großeltern und ein paar Cousinen über die Osterferien verreist, während für uns eine neue Zeitrechnung beginnt. Stillen, Windelwechseln und Schlafen im Wechsel. Die Wunde, die der Mutterkuchen hinterlassen hat, hört langsam zu bluten auf, und meine Gebärmutter zieht sich mehr und mehr zusammen. Stimuliert wird das von den Hormonen, die mein Körper beim Stillen freisetzt. Eine neue Art von Symbiose beginnt. Der Kleine steuert nicht mehr meinen Blutkreislauf, das Knirschen und Weinen, dass er von sich gibt, wenn er Hunger hat, dirigiert von nun an meinen Körper. Ich brauche nur daran zu denken, dass er vielleicht Hunger hat, und schon tropft Milch aus meiner Brust. Ich habe meinen Körper zurück, wir sind nun zwei getrennte Individuen, aber ich werde noch immer gebraucht und mein Körper folgt dem Kommando meines Babys. Mein Partner muss wiederum dem meinen folgen und Brote schmieren, Windeln wechseln, das Baby wiegen und mit ihm auf dem nackten Bauch im Bett liegen, damit der Kleine weiterhin Herzschläge hört, während ich dusche.

Das Känguru hat sein Junges lange vor mir geboren, es macht aber noch keine Anstalten, den Beutel zu verlassen. Das Rentierkalb kommt mit einem Jahr allein im Rudel zurecht, während das Junge des Springaffens sich an das Fell seines Papas klammert und noch Jahre bei den Eltern bleibt. Schimpansenjunge werden fünf

Jahre gestillt, brauchen den Schutz und die Nähe der Mutter aber ganz zehn Jahre, und Orcas brauchen ihre Mütter noch, wenn sie selbst Nachwuchs bekommen.

Der Nachwuchs ist geboren, die reproduktive Arbeit geht aber noch lange weiter, nur eben in anderer Form.

Evolutionärer Zeitstrahl

An dieser Stelle folgt eine Übersicht über die evolutionären Geschehnisse, die im Buch genannt werden. Es ist nicht leicht, die exakten Zeiten dieser Geschehnisse anzugeben, weil die Evolution nur langsam vonstattengeht und wir überdies immer neue Daten erhalten und neue Modelle nutzen können, die unser Wissen erweitern. Die genannten Zeiten sind deshalb nur ungefähre Angaben.

- Jetzt: Mein Baby wird geboren.[1]
- Vor 200 000 Jahren: Der moderne Mensch (Homo sapiens) entsteht.[2]
- Vor 40 bis 50 Millionen Jahren: Die erste Menstruation entsteht.[3]
- Vor 60 Millionen Jahren: Die Primaten entstehen.
- Vor 65 Millionen Jahren: Kreide-Paläogen-Grenze, die Ära der Dinosaurier endet mit einem Massenaussterben.
- Vor 130 Millionen Jahren: Die ersten Blütenpflanzen entstehen.
- Vor 140 Millionen Jahren: Die Säugetiere teilen sich in die beiden Gruppen Plazentatiere und Beuteltiere auf.
- Vor 180 Millionen Jahren: Die Urväter der Kloakentiere zweigen sich vom Rest der Gruppe ab, aus der später die anderen Säugetiere hervorgehen. Kloakentiere, wie das Schnabeltier, legen Eier und haben Milchdrüsen, aber keine Zitzen.
- Vor 230 Millionen Jahren: Die Dinosaurier entstehen.
- Vor mindestens 318 Millionen Jahren: Das amniotische Ei entsteht. Es hat eine Eihülle, die den Fötus vor dem Austrocknen

schützt. Diese Eier entstehen bei einem gemeinsamen Vorfahren von Kriechtieren, Vögeln und Säugetieren.[4]

- Vor 375 Millionen Jahren: Die ersten vierbeinigen Tiere entwickeln sich, es sind fischähnliche Wesen mit starker Skelettstruktur, die es den Tieren ermöglicht, in flachen Bereichen »zu gehen«.
- Vor 850 Millionen Jahren: Mehrzelliges Leben entsteht.
- Vor 2 Milliarden Jahren: Sexuelle Reproduktion entsteht.[5]
- Vor mindestens 3,5 Milliarden Jahren: Das erste Leben entsteht in Form der sogenannten Ursuppe.

Glossar

Ist nichts anderes vermerkt, sind alle Definitionen dem *Store Norske Leksikon* (dem zweitgrößten norwegischen Lexikon, online zu finden unter: snl.no) entnommen.

Adaption, Adaptation

Die natürliche Anpassung eines Organismus an ein bestimmtes Milieu ist der wichtigste Mechanismus innerhalb der Evolution. Gemeint ist damit sowohl der Prozess der Anpassung über Generationen hinweg als auch die Ausprägung bestimmter Merkmale als Anpassung an ein gegebenes Umfeld. In der Biologie wird unter adaptivem Verhalten ein durch natürliche Selektion entstandenes Verhalten verstanden, das direkt oder indirekt den reproduktiven Erfolg des Individuums beeinflusst.

Amnioten

Amnioten ist die Bezeichnung für die Gruppe der Wirbeltiere, die eine Eihülle entwickelt haben (Amnion). Kriechtiere, Vögel und Säugetiere sind Amnioten. Fische und Amphibien gehören nicht dazu.

Beuteltiere

Die Beuteltiere sind eine Gruppe von Säugetieren, die unter anderem dadurch gekennzeichnet sind, dass sie ihre Jungen sehr früh gebären und sie anschließend in einem Beutel aufbewahren, in dem der Großteil der weiteren Entwicklung stattfindet.

Embryo
Von dem Moment an, in dem das befruchtete Ei sich in der Gebärmutterschleimhaut festgesetzt hat, bis zum Ende der achten Schwangerschaftswoche spricht man beim Menschen von Embryo, danach von Fötus. Bei anderen Arten finden sich in der Literatur andere Nutzungen dieser Begriffe.

Embryophagie
Frisst der Fötus in der Gebärmutter andere befruchtete Eier, statt direkt von der Mutter ernährt zu werden, spricht man von Embryophagie. Dies ist nur bei einigen Hai-Arten bekannt.[1]

Embryonale Diapause
Die embryonale Diapause ist eine reproduktive Strategie, bei der die embryonale Entwicklung im Blastocysten-Stadium – also wenn der Embryo noch ein kleiner Zellball ist – unterbrochen wird. Dies macht es für die Art möglich, Paarung und Geburt zu trennen, um sicherzustellen, dass beides in den für die Art besten Zeiträumen stattfinden kann. Der Braunbär paart sich zum Beispiel im Frühsommer und nutzt den Herbst, um sich ein dickes Polster anzufressen, und nicht, um nach einem Partner zu suchen. Die Diapause kann fakultativ sein, also abhängig von physiologischen Verhältnissen im Körper des Muttertieres. Bei anderen Arten ist die Diapause obligatorisch und tritt bei allen Reproduktionsphasen auf.[2]

Evolution
Evolution beschreibt die genetische Veränderung von Populationen, die über einen längeren Zeitraum zur Entstehung neuer Arten führen kann. Dies geschieht meistens durch natürliche Auslese. Bestimmte Individuen überleben und bekommen mehr Nachkommen als andere, weil sie Genvarianten tragen, die ihnen in ihrem Lebensraum Vorteile bringen. Evolution kann auch durch Genfluss

oder Gendrift entstehen. Die Evolution folgt keiner zielgerichteten Kraft und wird nicht gesteuert.

Angetrieben wird sie bei allen Arten von dem Drang, sich zu reproduzieren und die eigenen Gene weiterzugeben. Erfolgreicher Nachwuchs ist die Währung der Evolution.[3]

Hätten nicht alle Individuen den Antrieb zu überleben, zu fressen, statt gefressen zu werden, und sich dann zu reproduzieren, gäbe es uns heute nicht.

Fötus

Der Fötus ist der junge Organismus, solange er von der Hülle umgeben ist, die zu seinem Schutz entstanden ist, sei es im Körper der Eltern oder außerhalb, wie bei den Eiern von Amphibien und Vögeln.

Gene und Genvarianten

Gene sind Rezepte für Merkmale in lebenden Organismen, die von Generation zu Generation weitergegeben werden. Alle Individuen einer Art haben die gleichen Gene, aber unterschiedliche Genvarianten (auch Allele genannt) derselben Gene. Trotzdem ist es üblich, von Genen zu sprechen, auch wenn man eigentlich Genvarianten meint. Auch ich tue das hin und wieder, damit die Sätze besser fließen.

Hemipenis

Als Hemipenis bezeichnet man das männliche Begattungsorgan bei den Schuppenkriechtieren. Bei diesen befindet sich seitlich der Kloake eine paarige, ausstülpbare Tasche mit je einem oft durch dornartige Hautverknöcherungen stacheligen Hemipenis. Mit jedem Hemipenis ist ein Hoden gekoppelt.[4]

Hermaphroditismus

Ein Hermaphrodit ist ein Organismus, der beide Arten von Reproduktionsorganen hat und der große und kleine Keimzellen produzieren kann. Man unterscheidet zwischen sequenziellen Hermaphroditen, die im Laufe des Lebens das Geschlecht wechseln, und simultanen Hermaphroditen, die gleichzeitig beide Arten von Keimzellen produzieren können.[5]

Isopoda

Isopoda (Asseln) sind eine Ordnung der Krebstiere. Die in diesem Buch besprochenen Landasseln sind eine Unterordnung der Isopoda. Tiere dieser Ordnung finden sich im Meer, im Süßwasser und an Land.

Iteroparität

Iteroparität bezeichnet einen Lebenskreislauf von Organismen, bei welchem es im Laufe eines Lebens mehrmals zur sexuellen Fortpflanzung kommt, zum Beispiel Menschen und Eiderenten.[6]

Kloake

Kloake ist die Bezeichnung für den hintersten Teil des Enddarms der Wirbeltiere, die nur eine Öffnung für Verdauung, Reproduktion und Harnröhre haben.

Korallen

Korallen sind eine Klasse mariner Invertebraten (Nesseltiere). In aller Regel sind sie sessil und sitzen wie die Seenelke an einem Ort fest. Die Larvenstadien vieler Korallenarten bewegen sich allerdings frei im Wasser.

Krebstiere

Krebstiere bilden einen Unterstamm der Gliederfüßer und sind im Meer und im Süßwasser die dominierenden Tiergruppe. Einige wenige Arten leben auch an Land. Ihr Körperbau variiert stark, besteht aber immer aus vielen Gliedern. Garnelen und Asseln sind Beispiele für Krebstiere.

Kriechtiere

Kriechtiere, auch Reptilien genannt, sind eine unterschiedlich definierte Gruppe von Tetrapoden, die – je nach Systematik – unterschiedliche Gruppen der Amnioten umfasst.[7] Zu ihnen gehören unter anderem Schlangen, Echsen, Schildkröten und Krokodile. Die größte Gruppe innerhalb der Kriechtiere bilden die Schuppenechsen.

Matriphagie

Matriphagie bezeichnet das Phänomen, dass die Nachkommen ihre eigenen Mütter fressen, wie bei der Afrikanischen Sozialen Spinne.[8]

Nymphe

Als Nymphe bezeichnet man das imagoähnliche Jugendstadium bei Insekten mit hemimetaboler (unvollständiger) Verwandlung. Aus den Eiern dieser Insekten schlüpfen Zwischenformen, die sich später nicht verpuppen, sondern aus denen schließlich die erwachsene Imago hervorgeht.

Organismus

Eine Sammelbezeichnung für alle lebenden Wesen, von Mikroorganismen bis zu Pflanzen, Pilzen und Tieren (inklusive des Menschen).

Parasit

Ein Parasit ist ein Organismus, der auf oder in einem anderen Organismus lebt und diesen Wirt ausnutzt, um zu überleben. Er erhält seine Nahrung über den Wirt und zieht daraus Vorteile, während der Wirt von der Parasitierung mehr oder weniger großen Schaden nimmt.

Parthenogenese

Parthenogenese ist eine Form ungeschlechtlicher Vermehrung, bei der sich ein neues Individuum aus einer unbefruchteten, weiblichen Keimzelle entwickelt.

Plazentatiere
Plazentatiere sind Säugetiere mit Fruchthülle (Chorion) und der Ausbildung einer Plazenta an den Schleimhäuten der Gebärmutter. Plazentatiere haben eine einfache, ungepaarte Vagina. Alle heute lebenden Säugetiere außer den Beuteltieren und Kloakentieren (wie das Schnabeltier) sind Plazentatiere.

Primaten
Primaten sind eine Ordnung der Säugetiere. Diese enthält die Halbaffen, Koboldmakis, Echte Affen und Menschenaffen (inklusive der Menschen). Die Größe der Primaten ist sehr unterschiedlich. Bei den meisten Arten sind Daumen und großer Zeh (Ausnahme Mensch) opponierbar und zum Greifen geeignet.

Reproduktion
Reproduktion bezeichnet die Vermehrung durch Nachkommen. Sie ist eine grundlegende Eigenschaft aller lebenden Organismen.

Schuppenechsen
Die Schuppenechsen bilden die größte Gruppe innerhalb der Kriechtiere. Nicht zu dieser Gruppe gehören Schildkröten, Krokodile und Brückenechsen (Tuatara, von dieser Familie gibt es nur eine noch heute lebende Art). Beispiele für Schuppenechsen sind Chamäleons, Schlangen und Komodowarane.[9]

Semelparität
Semelparität bezeichnet einen Lebenszyklus, bei dem sich der betreffende Organismus nur einmal in seinem Leben sexuell fortpflanzt. In den meisten Fällen sterben semelpare Organismen kurz nach ihrer Fortpflanzung, die auch noch die Brutpflege miteinschließen kann. Ein Beispiel ist die Riesenkrake.[10]

Sexuelle Selektion

Mit sexueller Selektion ist die Selektion gemeint, die auf Eigenschaften abzielt, die die Fähigkeit der Individuen zur Reproduktion betrifft. Mit der Folge, dass einige Individuen einer Population besser überleben und sich erfolgreicher vermehren als andere Individuen derselben Population.

Symphyse

Unter einer Symphyse versteht man eine Verbindung von zwei Knochen durch Faserknorpel. Sie gehört zu den unechten Gelenken. In diesem Buch geht es speziell um die Verbindung der Beckenknochen auf der Körpervorderseite.

Ursuppe

Ursuppe ist die Bezeichnung für die hypothetischen Bedingungen (Wasserdampf, Kohlenstoff, Wasserstoff, Ammoniak), die gegeben waren, als vor mindestens 3,5 Milliarden Jahren das erste Leben entstand.[11]

Wirbeltiere

Wirbeltiere sind Tiere mit Rückgrat und Schädel. Sie umfassen die Fische, Amphibien, Reptilien, Vögel und Säugetiere.

Nachwort

Biologie ist Variation, und Variation findet sich bei den meisten Eigenschaften der allermeisten Arten. Vieles, was ich in diesem Buch beschreibe, ist generalisiert – ein Beispiel dafür ist die mit 40 Wochen angegebene Dauer einer menschlichen Schwangerschaft. Wir pflegen zu sagen, dass eine Schwangerschaft 40 Wochen dauert, dabei stimmt das gar nicht unbedingt. Der Zeitpunkt der Schwangerschaft wird nämlich vom Zeitpunkt der letzten Menstruation aus gemessen. Zu der Befruchtung des Eis kommt es in der Regel aber erst 14 Tage später. In Norwegen, wie in vielen anderen Ländern, rechnet man trotzdem mit 40 Wochen, weil der letzte Tag der letzten Menstruation der deutlichste Anhaltspunkt ist, den man selbst haben kann, wenn man schwanger wird. Diese Methode setzt voraus, dass der Eisprung und damit der Zeitpunkt, zu dem man schwanger werden kann, exakt vierzehn Tage nach dem Ende der letzten Menstruation stattfindet. Auch in diesem Punkt gibt es allerdings Variationen. Die Abweichungen in der Länge der menschlichen Schwangerschaft ist so groß, dass man in Norwegen alle Geburten zwischen der 37. und 42. Woche als termingerecht ansieht.[1]

Wenn ich den Menschen mit anderen Arten vergleiche, bin ich in puncto Schwangerschaftsdauer immer vom letzten Tag der letzten Menstruation ausgegangen und nicht vom Datum der Befruchtung, obwohl wir bei Tieren diesen Punkt als Beginn der Tragezeit rechnen. Rein technisch betrachtet hätte ich die menschliche Schwangerschaft also von der zweiten Woche aus berechnen müssen, um die Periode mit den verschiedenen Tieren auch wirklich vergleichen zu können. Ich habe dies bewusst nicht getan, da mein Fokus auf den Eltern und nicht den befruchteten Eiern liegt. Außerdem bereitet der Körper sich in dieser Periode auf eine mögliche Reproduktion vor. Der nächste Eisprung ist abhängig davon, dass die alten Schleimhäute ausgeblutet werden und der Hormonzyklus aufs Neue beginnt, während bei vielen Tieren der Eisprung erst durch die Kopulation ausgelöst wird. Bei wieder anderen Arten, insbesondere bei Vögeln, rechnet man den intensiven Einsatz mit, den die Elterntiere nach der Eiablage bei der Brut betreiben, während der enorme Aufwand, das Ei erst einmal zu produzieren (wie etwa beim Kiwiweibchen) historisch nicht mitgerechnet wurde.

In diesem Buch beschreibe ich biologische Geschlechter und nenne sie in der Regel Männchen und Weibchen, Mama und Papa. Die Weibchen legen Eier, während die Männchen ihr Sperma dazugeben. Wie die Arbeit anschließend zwischen den beiden aufgeteilt wird, hat damit nicht unbedingt zu tun, wie ich anhand zahlreicher Beispiele zeige. Wenn ich Tiere, den Menschen eingeschlossen, als Männchen und Weibchen bezeichne, basiert dies auf den Reproduktionsorganen, die bei ihnen sichtbar sind, nicht auf Genen und Hormonen oder darauf, wie die Tiere sich ausdrücken oder was sie fühlen. Wir Menschen haben eine Reihe unterschiedlicher Ausdrucksweisen für unsere Sexualität und unsere Geschlechterrollen, die nicht mit den Ausdrucksweisen anderer Arten oder deren Rollenverteilung vergleichbar sind. Der Begriff Mama und Papa für Menschen oder auch für andere Tiere darf nicht als biologischer Determinismus verstanden werden, durch den ausgedrückt wird, dass Menschen sich – je nach Geschlecht – auf eine bestimmte Weise verhalten oder bestimmte Gedanken haben.

Natürlich ist es Anthropomorphismus, wenn ich Tiere als Mama und Papa bezeichne, weil ich ihnen damit menschliche Eigenschaften zuweise. Dies kann leicht dazu führen, dass wir unsere eigenen Geschlechterrollen und -verständnisse auf andere auf diesem

Planeten lebende Arten übertragen. Dies ist problematisch, kann gleichzeitig aber auch zum Verständnis führen, dass auch andere Arten als wir Bedürfnisse und Gefühle haben – und genau das war mein Hintergedanke.

Die Ich-Person in diesem Buch basiert auf meinen eigenen zwei Schwangerschaften. Alles, was diese Person erlebt hat, kann im Laufe einer menschlichen Schwangerschaft geschehen. Es muss aber nicht so sein, und auch die Reihenfolge der Geschehnisse kann variieren.

Danksagung

Die Idee zu diesem Buch entstand, als ich mit meinem ersten Kind schwanger war, wochenlang in einem verdunkelten Raum lag und mich erbrach. Die Welt rauschte in dieser Zeit einfach so an mir vorbei. Es konnte doch nicht wahr sein, dass mir so übel war, dachte ich und überlegte, dass es doch bessere Methoden geben müsse, sich zu reproduzieren. Für uns Menschen gibt keine Alternative, und trotzdem wurde ich schließlich ein zweites Mal schwanger. Die Produkte der beiden Schwangerschaften, Ea und Bjørn, sind es im Nachhinein wert. Danke, dass ihr mein Leben bereichert und so spannend und schön macht (es wäre aber trotzdem schön, wenn ihr langsam damit anfangen könntet, morgens etwas länger zu schlafen)!

Ich danke dem NFFO für das Verständnis, dass reproduktive Arbeit manchmal vor der Schreibtischarbeit kommt. Und ich danke meinem Redakteur Finn Totland für seinen Glauben an dieses Projekt und seine Englesgeduld. Auch dir, Fredrik, gebührt ein Dank, dass du mich von der Arbeit freigestellt hast. Ebenso will ich all den Forschern und Forscherinnen danken, die all meine Fragen geduldig beantwortet und mir Einblick in ihre wissenschaftlichen Artikel gewährt haben. Ohne eure Forschung und ohne die Zeit, die ihr für ganz banale Fragen aufgewendet habt, hätte es dieses Buch nie gegeben. Alle Fehler und Missverständnisse, die es im Buch geben könnte, gehen einzig und allein auf meine Kappe.

Danke an Oda Noven, Trude Myhre, Ane Sydnes Egeland und Ingerid Salvesen für Kommentare zu meinem ersten Entwurf. Ein spezieller Dank geht an Ellen Støkken Dahle für die wirklich gründliche Lektüre und an Kjetil Lysne Voje für seine Hartnäckigkeit, was die Nutzung von Fachbegriffen angeht – alle eventuellen Fehler, zu groben Vereinfachungen und Ungenauigkeiten habe einzig ich zu verantworten.

Ein weiterer Dank geht an die Evolution. Für das Gehirn, die Fähigkeit zusammenzuarbeiten, und die Existenz von Großeltern.

Literatur

Für die Quellen verweise ich auf die Endnoten. Wer sich weiter in die Biologie, die Reproduktion und die Welt der Geschlechter vertiefen will, darf gerne einen Blick in folgende Bücher werfen. Sie haben mich bei der Arbeit an diesem Buch wirklich inspiriert.

- Bainbridge, David: *Making Babies: The Science of Pregnancy*. Cambridge 2003.
- Black, Riley: *The Last Days of the Dinosaurs*. New York 2022.
- Cooke, Lucy: *Bitch. A revolutionary guide to sex, evolution & the female animal*. London 2022.
- Fine, Cordelia: *Testosterone Rex*. London 2017.
- Fuentes, Agustín: *Race, Monogamy and Other Lies They Told You*. Oakland 2002.
- Gross, Rachel E.: *Vagina Obscura: an anatomical voyage*. London 2022.
- Haugen, Karin: *Det golde landet – et essay om barnløshet, biologi og frihet*. Kopenhagen 2020.
- Hrdy, Sara Blaffer: *Mother Nature. A History of Mothers, Infants, and Natural Selection*. München 1999.
- Høeg, Tine: *Sult*. Berlin 2022.
- Saini, Angela: *Inferior. How Science Got Women Wrong – and the New Research That's Rewriting the Story*. Boston 2017.

- Simonsen, Frøydis Sollid: *Hver morgen kryper jeg opp fra havet.* Kopenhagen 2013.
- Vestre, Katharina: *Det første mysteriet*. Aschehoug. Oslo 2018.

Anmerkungen

Woche 41

1 Der Vergleich zwischen einem Fötus und einem Parasiten ist beschrieben in: Bainbridge, D.: *Making Babies: The Science of Pregnancy*. Cambridge 2003.

Woche 1

1 Emera, D., Romero, R., Wagner, G. »The Evolution of Menstruation: A New Model for Genetic Assimilation«. In: *BioEssays*, 34(1), 2012.
2 Moen, F. E., Svensen, E.: *Dyreliv i havet*, Norwegen 2008.
3 Seenelken verfügen über die besondere Eigenschaft, sich sowohl sexuell als auch asexuell fortzupflanzen.
4 Pickrell, J. (2019, 23.10). »How the earliest mammals thrived alongside dinosaurs«. In: Nature news feature, online unter: https://www.nature.com/articles/d41586-019-03170-7
5 Nach 40 Wochen beträgt die Anzahl an Bakterien etwa 220160, aber natürlich würde das Wachstum begrenzt vom Zugang zu Nahrung und Lebensraum sein – genau wie beim Menschen.
6 Meeresforschungsinstitut: »Norwegische Korallenriffe«, 23.06.2023, online unter: https://www.hi.no/hi/temasider/ hav-og-kyst/norske-korallrev.
7 Perth Cichlid society: »Fish of the Month – Ctenochromis horei«, online unter: http://www.perthcichlid.com.au/forum/index.php?showtopic=63151.
8 Zimmermann, H., Blažek, R., Polačik, M., Reichard, M.: »Individual experience as a key to success for the cuckoo catfish brood parasitism«. In: *Nature communications*, 13(1723).
9 Emera, D., Romero, R., Wagner, G.: »The evolution of menstruation: A new model for genetic assimilation«. In: *BioEssays*, 34(1), 2012.
10 Brochmann, N., Dahl, E. S.: *Viva la Vagina! Alles über das weibliche Geschlecht*. Frankfurt am Main 2018.
11 Emera, D., Romero, R., & Wagner, G. (2012). »The Evolution of Menstruation: A New Model for Genetic Assimilation«. In: BioEssays, 34(1), 2012.

12 Cohen, M., Hawkins, M. B., Stock, D. W., Cruz, A.: »Early life-history features associated with brood parasitism in the cuckoo catfish, Synodontis multipunctatus (Siluriformes: Mochokidae)«. In: *Philosophical Transactions of the Royal Society B*, 374.
13 Eckbo, N.: »Keiserpinguin«. In: Store norske leksikon, online unter: https://snl.no/keiserpingvin »Emperor penguin«. In: Wikipedia, online unter: https://en.wikipedia.org/wiki/Emperor_penguin#Courtship_and_breeding, zuletzt abgerufen am 17.04.2022.
14 Pinshow, B., Welch, W. R.: »Winter breeding in Emperor Penguins: A consequence of the summer heat?«. In: *The Condor*, 82(2).

Woche 2

1 Krause, W. J., Krause, W. A.: *The Opossum: Its Amazing Story*. Columbia 2006.
2 Byrne, M., Hart, M. W., Cerra, A., Cisternas, A.: »Reproduction and Larval Morphology of Broadcasting and Viviparous Species in the Cryptasterina Species Complex«. In: *The Biological Bulletin*, 205.
Byrne, M.: »Viviparity in the Sea Star Cryptasterina hystera (Asterinidae): Conserved and Modified Features in Reproduction and Development«. In: *The Biological Bulletin*, 208.
3 Fell, Andy: »Superfast evolution in sea stars«. In: ScienceDaily, 24.07.2012, online unter:
www.sciencedaily.com/releases/2012/07/120724104638.htm.
4 De Waal, F. B. M. (2006): »Bonobo sex and society«. In: Scientific American, online unter: https://www.scientificamerican.com/article/bonobo-sex-and-society-2006-06/
5 Hamzelou, J.: »What dolphins reveal about the evolution of the clitoris«. In: NewScientist, 10.01.2022, online unter: https://www.newscientist.com/article/2303662-what-dolphinsreveal-about-the-evolution-of-the-clitoris/.
6 Rukke, B. A.: »Veggedyr« (Wanzen). In: Institut für Volksgesundheit, 18.03.2021, online unter: https://www.fhi.no/nettpub/skadedyrveilederen/veggedyr-og-andre-teger/veggedyr/.
7 Elven, H., Aarvik L.: »Tovinger Diptera« (Zweiflügler Diptera). In: Naturhistorisches Museum, Universität Oslo/Artendatenbank), 30.03.2022 online unter: https://www.artsdatabanken.no/Pages/ 135156/Tovinger.
8 Attenborough, D.: *Life in the undergrowth*. BBC, 2005.
9 Morrow, E. H., Arnqvist, G.: »Costly traumatic insemination and a female counter-adaptation in bed bugs«. In: *Proceedings Of the Royal Society of London, 2003*, 270.
10 Nesheim, B.-I.: *»Graviditet« (Schwangerschaft)*. In: Store medisinske leksikon, 2022, online unter: https://sml.snl.no/graviditet.
11 Nesheim, B.-I.: »Eggløsning« (Eisprung). In: Store medisinske leksikon, 2022, online unter: https://sml.snl.no/eggl%C3%B8sning.

12 Pietsch, T. W.: »Dimorphism, parasitism, and sex revisited: modes of reproduction among deep-sea ceratioid anglerfishes (Teleostei: Lophiiformes)«. In: *Ichthyological Research*, 52.
13 Es gibt natürlich Ausnahmen, wie bei den Bienen, die haploide Männchen produzieren, wenn die Eier nicht befruchtet werden. Siehe z. B.: »Chromosome number« In: Encyclopedia Britannica, online unter: https://www.britannica.com/science/chromosome-number.
14 »*Parthenogenesis*«. *In:* Encyclopedia Britannica, online unter: https://www.britannica.com/science/parthenogenesis.
15 Wolf, Tinka: »Der Drache und die Jungfernzeugung«. In: Welt, 26.12.2006, online unter: https://www.welt.de/wissenschaft/article704110/Der-Drache-und-die-Jungfernzeugung.html.
16 Watts, P. C., Buley, K. R., Sanderson, S., Boardman, W., Ciofi, C., Gibson, R.: »Parthenogenesis in Komodo dragons.« In: *Nature, 444*.
17 Shine, R, Somaweera, R.: »Last Lizard standing: The enigmatic persistence of the Komodo dragon.« In: *Global Ecology and Conservation*, 18.
18 Purwandana, D., Imansyah, M. J., Ariefiandy, A., Rudiharto, H., Ciofi, C., Jessop, T. S.: »Insights into the Nesting Ecology and Annual Hatchling Production of the Komodo Dragon«. In: *Copeia*, 108(4).
19 Birks, S. M.: »Paternity in the Australian brush-turkey, Alectura lathami, a megapode bird with uniparental male care.«. In: *Behavioral Ecology*, 8 (5).
20 San Diego Zoo Wildlife Alliance: »Australian Brush Turkey« 25.11.22, online unter: https://animals.sandiegozoo.org/animals/australian-brush-turkey-0.

Woche 3

1 Milius, S.: »Pregnant – and still Macho«. In: Science News Online, 11.03.2000, online unter: http://ase.tufts.edu/biology/labs/lewis/news/articles/2000ScienceNews.pdf
2 Van Look, K., Dzyuba, B., Cliffe, A., Koldewey, H. J., Holt, W. V.: »Dimorphic sperm and the unlikely route to fertilisation in the yellow seahorse«. In: *J. Exp. Biol.*, 210(3).
3 Jones, A. G.: »Male pregnancy and the formation of seahorse species« In: *Biologist*, 51(4).
4 Holck, P. (2021): »Det gule legemet« (Gelbkörper). In: Store medisinske leksikon, 2021, online unter: https://sml.snl.no/det_gule_legemet.
5 Vestre, K.: *Det første mysteriet*. Oslo 2018.
6 Staff, Annetine, Professor für Obstetrik und Gynäkologie, Universität Oslo. Persönlicher Kommentar, 05.11.2022.
7 Alle Individuen einer Art haben dieselben Gene, aber unterschiedliche Genvarianten (auch Allele genannt). Es ist trotzdem üblich, von Genen und nicht von Genvarianten zu sprechen, und an mehreren Stellen in diesem Text nutze ich das Wort »Gen«, damit die Sätze besser fließen.
8 Haig, D.: »Genetic conflicts in human pregnancy«. In: *Quarterly Review of Biology*, 68(4).

Woche 4

1 Der Physiker Erwin Schrödinger erfand im Jahr 1935 das Gedankenexperiment »Schrödingers Katze«. In dem Experiment befindet sich eine Katze in einer Kiste. Zusätzlich ist auch eine Vorrichtung mit einem radioaktiven Element eingebaut. Sobald das radioaktive Material zerfällt, wird Gift freigesetzt und die Katze stirbt. Das Problem besteht nun darin, dass die radioaktive Substanz in der ersten Stunde nur mit einer Wahrscheinlichkeit von 50 Prozent zerfällt. Dadurch ist nicht sicher, dass das Gift zu der Zeit bereits freigesetzt wurde und die Katze gestorben ist. Vor dem Öffnen der Kiste wird die Katze deshalb als tot und lebendig angesehen. Ähnlich fühlt es sich auch mit einem Embryo im Bauch an.

2 Hind, L. J.: »Ærfuglvokterne – naturens vaktmestere« (Eiderentenwachposten – Die Wachtmeister der Natur), 09.11.2015, online unter: https://forskning.no/partner-naturvern-fugler/aerfuglevokterne–naturens-vaktmestere/459976.

3 Dybdal, S. E.: »Dyne med norsk ærfugldun er verdas beste« (Decken mit norwegischen Eiderentendaunen sind die besten der Welt). In: Nibio nyheter, 06.07.2015, online unter: https://www.nibio.no/nyheter/dyne-med-norsk-rfugldun-er-verdas-beste.
Das Erste: »Norwegen: Die teuersten Daunen der Welt«, 31.05.2019, online unter: https://www.daserste.de/information/wissen-kultur/w-wie-wissen/eiderenten-daunen-norwegen-100.html.

4 Öst, M., & Bäck, A.: »Spatial structure and parental aggression in eider broods«. In: *Animal Behaviour*, 66(6).

5 Friebe, A., Evans, A. L., Arnemo, J. M., Blanc, S., Brunberg, S., Fleissner, G., Swensson, J. E., Zedrosser, A.: »Factors Affecting Date of Implantation, Parturition, and Den Entry Estimated from Activity and Body Temperature in Free-Ranging Brown Bears«. In: *PLOS ONE*, 9(7).
UW Medicine: »How some mammals pause their pregnancies«. In: UW Medicine Newsroom, online unter: https://newsroom.uw.edu/news/how-some-mammals-pausetheir-pregnancies.

6 Teigland, S. C.: »For tynn for å bli gravid« (Zu dünn, um schwanger zu werden), 29.04.207, online unter: ttps://www.klikk.no/foreldre/gravid/for-tynn-til-a-bli-gravid-2360165.

7 San Diego Zoo Wildlife Alliance: »Platypus (Ornithorhynchus anatinus) Fact Sheet: Reproduction & Development«, online unter: https://ielc.libguides.com/sdzg/factsheets/platypus/reproduction.
Bino, G., Kingsford, R. T., Archer, M., Connolly, J. H., Day, J., Dias, K., Goldney, D., Gongora, J., Grant, T., Griffiths, J., Hawke, T., Klamt, M., Lunney, D., Mijangos, L., Munks, S., Sherwin,W., Serena, M., Temple-Smith, P., Thomas, J.,Williams, G., Whittington, C. (2019): »The platypus: evolutionary history, biology, and an uncertain future«. In: *Journal of mammalogy*, 100(2).

8 Castillo, M. A., Kight, S. L.: »Response of terrestrial isopods, Armadillidium vulgare and Porcellio laevis (Isopoda: Oniscidea) to the ant Tetramorium caespitum: Morphology, behavior and reproductive success«. In: *Invertebrate Reproduction and Development*, 47(3).

Woche 5

1 Vestre, K.: *Det første mysteriet*. Oslo 2018.
2 Wikipedia: »Skjellkrypdyr – kjønnsorganer og formering« (Schuppenkriechtiere – Geschlechtsorgane und Vermehrung), 13.09.2022, online unter: https://no.wikipedia.org/wiki/Skjellkrypdyr#Kj%C3%B8nnsorganer_og_formering.
3 Burrage, B.: »Comparative ecology and behavior of Chamaeleo pumilus pumilus (Gmelin) and C.namaquensis A. Smith (Sauria: Chamaeleonidae)«. In: *Annals of the South African Museum*, 61.
4 Tyndale-Biscoe, H.,& Renfree, M.: *Reproductive biology of marsupials*. Cambridge 1987.
5 Joo, M.: »Macropus giganteus«. In: Animal Diversity Web, 2004, online unter: https://animaldiversity.org/accounts/Macropus_giganteus/.
6 Tyndale-Biscoe, H. Renfree, M.: *Reproductive biology of marsupials*. Cambridge 1987.
7 Fenelon, J.C., Banerjee A., Murphy, B.D.: »Embryonic diapause: development on hold«. In: *Int. J. Dev. Biol.* 58, 2014.

Woche 6

1 Flaxman, S.M., Sherman, P.W.: »Morning sickness: a mechanism for protecting mother and embryo«. In: *The quarterly review of biology*, 75(2), 2000.
2 Flaxman, S.M., Sherman, P.W.: »Morning sickness: a mechanism for protecting mother and embryo«. In: *The quarterly review of biology*, 75(2), 2000.
3 Pepper, G.V., Roberts, S.C.: »Rates of nausea and vomiting in pregnancy and dietary characteristics across populations«. In: *Proc Biol Sci.* 273(1601), 2006.
4 Flaxman, S.M., Sherman, P.W.: »Morning Sickness: Adaptive Cause or Nonadaptive Consequence of Embryo Viability?« In: *The American Naturalist*, 172(1), 2008.
5 Gadsby, R., Ivanova, D., Trevelyan, E., Hutton, J.L., Johnson S.: »Nausea and vomiting in pregnancy is not just ›morning sickness‹: data from a prospective cohort study in the UK«. In: *Br J Gen Pract*, 70(697), 2020.
6 Die Zeit von der Eiablage bis zum Schlüpfen beträgt etwa vierzig Tage. Mündlicher Kommentar: Bilde, Trine, Professor für Biologie, Universität Aarhus. 25.08.22.
7 Junghanns, A., Holm, C., Schou, M.F., Sørensen, A.B., Uhl, G., Bilde, T.: »Extreme allomaternal care and unequal task participation by unmated females in a cooperatively breeding spider«. In: *Animal Behaviour* 132, 2017.
8 Stenseth, N.C.: »Slektskapsseleksjon« (Verwandtschaftsselektion). In: Store norske leksikon, 2021, online unter: https://snl.no/slektskapsseleksjon.

Woche 7

1 Høiland, K. (2018): »Snylteklubbe« (Cordyceps). In: Store norske leksikonhttps://snl.no/snylteklubbe.

2 Trevathan, W. R., Rosenberg, K. R.: »Evolutionary Medicine and Women's Reproductive Health«. In: J. Schulkin, M. L. Power: *Integrating Evolutionary Biology into Medical Education — for maternal and child healthcare students, clinicians, and scientists.* Oxford 2020.

3 Natürliche Auslese ist der wichtigste Mechanismus der Evolution. Sie kann aber auch angetrieben sein von Genshift oder Gendrift. Mehr darüber in: Store norske leksikon, online unter: https://snl.no/.tema/Evolusjon.

Woche 8

1 Laidlaw, S.: »*Giant Pacific Octopus*«. In: Biology Dictionary, online unter: https://biologydictionary.net/giant-pacific-octopus/.
Wood, J.B: »Enteroctopus dofleini, The Giant Pacific Octopus«. In: The Cephalopod Page, 30.11.22, online unter: http://www.thecephalopodpage.org/Edofleini.php.

Woche 9

1 Blaas, H-G. K.: »Embryoets og fosterets utvikling«. In: A. Brunstad, E. Tegnander: *Jordmorboka – ansvar, funksjon og arbeidsområde.* Oslo 2017.

2 Grunstra, N. D. S., Zachos, F. E., Herdina, A. N., Fischer, B., Pavličev, M., Mitteroecker, P.: »Humans as inverted bats: A comparative approach to the obstetric conundrum«. In: *American Journal of Human Biology*, 31.

3 Wikipedia: »Emperor penguin – Courtship and breeding«, 17.04.2022, online unter: https://en.wikipedia.org/wiki/Emperor_penguin#Courtship_and_breeding.

Woche 10

1 Folch, A.: »Family Apterygidae (Kiwis)«. In: J. del Hoyo, A. Elliot,J. Sargatal: *Handbook of the birds of the World,* (Vol. 1). Cerdanyola del Vallès, 1992.

2 Save the Kiwi: »Producing an egg«, 11.05.22, online unter: https://www.savethekiwi.nz/about-kiwi/kiwi-facts/kiwi-life-cycle/.

3 Abourachid, A., Castro, I., Provini, P.: »How to walk carrying a huge egg? Trade-offs between locomotion and reproduction explain the special pelvis and leg anatomy in kiwi«. In: *Journal of Anatomy*, 235, 2019.

4 Folch, A.: »Family Apterygidae (Kiwis)«. In: J del Hoyo, A. Elliot, J. Sargatal:*Handbook of the birds of the World,* (Vol. 1). Cerdanyola del Vallès, 1992.

5 Dean, S.: »Why is the Kiwi's Egg So Big?«. In: Audobon, 2015, online unter: https://www.audubon.org/news/why-kiwis-egg-so-big.

6 Die Tragezeit dauert etwa 70 Tage oder länger, abhängig von verschiedenen Umweltfaktoren, insbesondere der Temperatur. Siehe: Greven, H., Flossdorf, D., Köthe, J., List, F., Zwanzig, N.: »Running Speed and Food Intake of the Matrotrophic Viviparous Cockroach Diploptera punctata (Blattodea: Blaberidae) during Gestation«. In: *Entomologie Heute*, 26, 2014.

7 Der Darwin-Nasenfrosch ist akut vom Aussterben bedroht, vielleicht gibt es also doch keine Junge mehr.

8 Wikipedia: »Darwin's frog«, 5.09.22, online unter: https://en.wikipedia.org/wiki/Darwin's_frog.
Goicoechea, O., Garrido, O., & Jorquera, B. (1986): Evidence for a Trophic Paternal-Larval Relationship in the Frog Rhinoderma darwinii. Journal of Herpetology, 20(2).

Woche 11

1 Wikipedia: »Wandering albatross«,6.09.22, online unter: https://en.wikipedia.org/wiki/Wandering_albatross.

2 Nanda, S.: *Gender Diversity. Crosscultural Variatons.* Long Grove 2000.

3 Unter einem Paarungstyp oder Kreuzungstyp versteht man ein System, das unabhängig vom Geschlecht die Entstehung von Nachfahren von genetisch gleichen oder ähnlichen Eltern verhindert. Die Kreuzungstypen bestimmen unabhängig vom Geschlecht, welche Zellen miteinander kompatibel sind. Das System zeigt, dass es durchaus möglich ist, sich auch andere Paarungsmöglichkeiten vorzustellen als mit Ei und Spermien.

4 Man unterscheidet zwischen Eukaryoten (mit Zellkernen) und Prokaryoten (ohne Zellkerne). Zu den Prokaryoten zählen Bakterien und Archaeen, während Pflanzen, Pilze und Tiere Eurkaryoten sind.

5 Otto, S.: »Sexual Reproduction and the Evolution of Sex«. In: *Nature Education* 1(1), 2008.

6 Johnson, J. D., White, N. L., Kangabire, A., Abrams, D. M.: »A dynamical model for the origin of anisogamy« In: *Journal of Theoretical Biology*, 521, 2021.

7 Fuentes, A.: *Race, monogamy, and other lies they told you. Busting myths about human nature.* Berkley 2022.

8 Ob dies ein Vorteil ist, ist natürlich von Art zu Art verschieden.

9 Bagemihl, B.: *Biological Exuberance: Animal Homosexuality and Natural Diversity.* New York, 2000.

10 Siehe Cooke, L: *Bitch: A revolutionary guide to sex, evolution & the female animal.* London 2022. In dem Buch findet sich eine Analyse, wie Gowaty und andere Wissenschaftlerinnen wie Jeanne Altmann, Mary Jane West-Eberhard und Sarah Blaffer Hrdy das bis dato bestehende Bild von Geschlechtern und Evolution entkräftet haben.

11 Fine, C.: *Testosterone Rex.* London 2017.

12 Kokko, H., Jennions, M. D.: »Parental investment, sexual selection and sex ratios« In: *Journal of Evolutionary Biology*, 21, 2008.

13 Liker, A., Freckleton, R. P., Remes, V., Székely, T.: »Sex differences in parental care: Gametic investment, sexual selection, and social environment« In: *Evolution* 69(11), 2015.

14 Kokko, H., Jennions, M. D.: »Parental investment, sexual selection and sex ratios« In: *Journal of Evolutionary Biology*, 21, 2008.

15 Auld, S. K. J. R., Tinkler, S. K., Tinsley, M. C.: »Sex as a strategy against rapidly evolving parasites«. In: *Proc. R. Soc B,* 283(1845), 2016.
John Maynard Smith wies auf die »Hohen Kosten hin, die mit den Geschlechtern verbunden sind«, da die Weibchen nur halb so viel Nachwuchs bekommen. Dies ist bis heute ein biologisches Mysterium.
16 Zhang, Y.-N., Zhu, X.-Y., Wang, W.-P., Wang, Y., Wang, L, Xu, X.-X., Zhang, K., Deng, D. G.: »Reproductive switching analysis of Daphnia similoides between sexual female and parthenogenetic female by transcriptome comparison«. In: *Sci Rep,* 6, 2016.
17 Auld, S. K. J. R., Tinkler, S. K., Tinsley, M. C.: »Sex as a strategy against rapidly evolving parasites«. In: *Proc. R. Soc B,* 283(1845), 2016.
18 Barton, N. H., Charlesworth, B.: »Why Sex and Recombinations?« In: *Science,* 281(5385), 1998.
19 Casas, L., Saborido-Rey, F., Ryu, T., Michell, C., Ravasi, T., Irigoien, X.: »Sex Change in Clownfish: Molecular Insights from Transcriptome Analysis«. In: *Scientific Reports,* 6, 2016.
20 Schärer, L., Ramm, S. A.: »Hermaphrodites«. In: R. Kliman: *Encyclopedia of Evolutionary Biology,* Vol. 2. Amsterdam 2016.
21 Kokko, H., Jennions, M. D.: »Parental investment, sexual selection and sex ratios« In: *Journal of Evolutionary Biology,* 21, 2008.
22 Stenseth, N. C., Voje, K.: »Seksuell seleksjon« *(Sexuelle Selektion),* Store norske leksikon, 2022, online unter: https://snl.no/seksuell_seleksjon.
23 Kokko, H., Jennions, M. D.: »Parental investment, sexual selection and sex ratios«. *Journal of Evolutionary Biology,* 21, 2008.
24 Cooke, L.: *Bitch. A revolutionary guide to sex, evolution & the female animal.* London 2022.
25 Blackless, M., Charuvastra, A., Derryck, A., Fausto-Sterling, A., Lauzanne, K., Lee, E.: »How sexually dimorphic are we? Review and synthesis«. In: *American Journal of Human Biology,* 12(2), 2000.
26 Sørlie, A.: »Hva er kjønnsinkongruens?«, 20.09.2022, online unter: https://kjonnsinkongruens.no/kjonnsinkongruens/.
27 Hogenboom, M.: »The gender biases that shape our brains«. In: BBC Future, 2021, online unter: https://www.bbc.com/future/article/20210524-the-gender-biases-that-shape-ourbrains.

Woche 12

1 Yong, E.: »The Alligator Has a Permanently Erect, Bungee Penis«. In: National Geographic, 2013, online unter: https://www.nationalgeographic.com/science/article/the-alligatorhas-a-permanently-erect-bungee-penis.
2 Brennan, P. L. R., Orbach, D. N.: »Copulatory behavior and its relationship to genital morphology«. In: *Advances in the Study of Behavior,* 52, 2020.
3 Siehe Quellen in: Tavalieri, Y. E., Galoppo, G. H., Canesini, G., Truter, J. C., Ramos, J. G., Luque, EH., Muñoz-de-Toro, M.: »The external genitalia in juvenile

Caiman latirostris differ in hormone sex determinate-female from temperature sex determinate-female«. In: *General and Comparative Endocrinology*, 273, 2019.

4 Kofron, C. P.: »Nesting ecology of the Nile crocodile (Crocodylus niloticus)«. In: *African Journal of Ecology*, 27, 1989.

5 Combrink, X., Warner, J. K., Downs, C. T.: »Nest-site selection, nesting behaviour and spatial ecology of female Nile crocodiles (Crocodylus niloticus) in South Africa«. In: *Behavioural processes*, 135, 2017.

6 Abhängig von der Temperatur brauchen die Eier 84 bis 89 Tage, was in etwa 12 bis 14 Wochen entspricht. Siehe: Combrink et al. (2017).

7 Combrink, X., Warner, J. K., Downs, C. T.: »Nest predation and maternal care in the Nile crocodile (Crocodylusniloticus) at Lake St Lucia, South Africa«. In: *Behavioural processes*, 133, 2016.

8 Lang, J. W., Andrews, H. V.: »Temperature-dependent sex determination in crocodilians«. In: *Journal of Experimental Zoology*, 270(1), 1994.

9 Shine, R.: »Why is sex determined by nest temperature in so many reptiles? Review«. In: *Trends in Ecology and Evolution*, 14(5), 1999.
Spencer, R.-J., Janzen, F. J.: »A novel hypothesis for the adaptive maintenance of environmental sex determination in a turtle«. In: *Proc. Biol. Sci*, 281(1789), 2014.

Woche 13

1 Jarvis, J. U.M, Bennett, N. C.: »The Ecology and Behavior of the Family Bathyergidae in Sherman«, In: P.W., Jarvis, J. U. M., Alexander, R.D: *The Biology of the Naked Mole-Rat* . Princeton 1991.
Bennet, N. C., Jarvis, J. U. M. »Cryptomys damarensis«. In: *Mammalian species*, 756, 2004.

Woche 14

1 Haugaasen, J. M. T., Haugaasen, T., Peres, C. A. Gribel, R., Wegge, P.: »Seed dispersal of the Brazil nut tree (Bertholletia excelsa) by scatter-hoarding rodents in a central Amazonian forest«. In: *Journal of Tropical Ecology*, 26, 2010.

2 Juni, E.: »Myoprocta pratti«. In: Animal Diversity Web, 2011, online unter: https://animaldiversity.org/accounts/Myoprocta_pratti/.

3 Holck, P.: »*Skjedekrans*«. In: Store norske leksikon, 2022, online unter: https://sml.snl.no/skjedekrans.

4 Freeman, A. R.: »Female-Female Reproductive Suppression: Impacts on Signals and Behavior«. In: *Integrative and Comparative Biology*, 61(5), 2021.
Swift, J.: »Looking for love, findingTNT«. In: Cornell University, 2021, online unter: https://as.cornell.edu/news/lookinglove-finding-tnt.

5 Juni, E.: »Myoprocta pratti«. In: Animal Diversity Web, 2011, online unter: https://animaldiversity.org/accounts/Myoprocta_pratti/.

Woche 15

1 Die Waldspitzmaus ist keine fünfzehn Wochen schwanger. Ihre Schwangerschaft dauert etwa drei Wochen, sie reproduziert sich aber während des gesamten Sommers und nimmt dabei auch kontinuierlich Nahrung zu sich.

2 Frafjord, K: »Spissmus«. In: Store norske leksikon, 2022, online unter: https://snl.no/spissmus.

3 Rossell, F., Pedersen, K. V.: *Bever.* Oslo 1999.

Woche 16

1 Kruuk, H.: *The spotted hyena. A study of Predation and Social Behavior.* Chicago 1972.

2 Bondar, C.: »For Some Species, the Girls Come with Boy Bits«. In: PBS Nature, 26.08.2016, online unter: https://www.pbs.org/wnet/nature/blog/girls-boy-bits-pseudopenis-hyena-elephant/.

3 Wilke, C.: »Female hyenas kill off cubs in their own clans«. In: Science News, 25.08.2020, online unter: https://www.sciencenews.org/article/female-hyena-moms-kill-cubs-ownclans.

4 Frank, L. G., Glickman, S. E.: »Giving birth through a penile clitoris: parturition and dystocia in the spotted hyena (Crocuta crocuta)« In: *J. Zool. Lond.*, 234, 1994.

5 Glickman, S. E., Cunha, G. R., Drea, C. M., Conley, A. J., Place, N. J. »Mammalian sexual differentiation: lessons from the spotted hyena«. In: *Trends in Endocrinology and Metabolism*, 17(9), 2006.

6 Frank, L. G., Glickman, S. E.: »Giving birth through a penile clitoris: parturition and dystocia in the spotted hyena (Crocuta crocuta)«. In: *J. Zool. Lond.*, 234, 1994.

7 Wilke, C.: »Female hyenas kill off cubs in their own clans«. In: Science News, 25.08.2020, online unter: https://www.sciencenews.org/article/female-hyena-moms-kill-cubs-ownclans.

8 Cunha, G. R., Risbridger, G., Wang, H., Place, N. J., Grumbach, M., Cunha, T. J., Weldele, M., Conley, A. J., Barcellos, D., Agarwal, S., Bhargava, A., Drea, C., Hammond, G. L., Siiteri, P., Coscia, E. M., McPhaul, M. J., Baskin, L. S., Glickman, S. E.: »Development of the external genitalia: Perspectives from the spotted hyena (Crocuta crocuta)«. In: *Differentiation*, 87, 2014.

9 Siehe Gross, R. E.: *Vagina Obscura: an anatomical voyage.* Oder W. W. Norton & Company für die menschliche Klitoris, desweiteren, Cooke, L. (2022). *Bitch. A revolutionary guide to sex, evolution & the female animal.* Transworld Publishers und für das Thema Klitoris bei Schuppenkriechtieren Folwell, M., Sanders, K., & Crowe-Riddell, J. (2022): The Squamate Clitoris: A Review and Directions for Future Research. *Integrative and Comparative Biology*, 62(3).

10 Tronstad, T. T. (2021): »Stillhetens klitoris«.In: *Samtiden*, 3., 2021.

11 Gross, R. E.: *Vagina Obscura: an anatomical voyage.* New York, 2022.

12 Putka, S.: »8000 Nerve Endings? Actually, the Clitoris Has More«. In: MedPage Today, 04.11.2022, online unter: https://www.medpagetoday.com/meetingcover

age/smsna/101464. Die Studie wurde geleitet von Blair Peters, *Assistant Professor of Surgery* an der Oregon Health & Science University, als Spezialist für geschlechtsangleichende Operationen bei transmaskulinen Männern.

13 Jowitt, M.: »The Clitoris in Labor«. In: *Midwifery Today*, 127, 2018.

Woche 17

1 Ortega, J., Alarcón-D., I.: »Anoura geoffroyi (Chiroptera: Phyllostomidae)«. In: *Mammalian Species*, 818, 2008.

2 Grunstra, N. D. S., Zachos, F. E., Herdina, A. N., Fischer, B., Pavličev, M., Mitteroecker, P.: »Humans as inverted bats: A comparative approach to the obstetric conundrum.«. In: *American Journal of Human Biology* 31, 2019.

3 Grunstra, N. D. S., Zachos, F. E., Herdina, A. N., Fischer, B., Pavličev, M., Mitteroecker, P.: »Humans as inverted bats: A comparative approach to the obstetric conundrum«. In: *American Journal of Human Biology* 31, 2019.

4 Grunstra, N. D. S., Zachos, F. E., Herdina, A. N., Fischer, B., Pavličev, M. Mitteroecker, P.: »Humans as inverted bats: A comparative approach to the obstetric conundrum«. In: *American Journal of Human Biology* 31, 2019.

Woche 18

1 Quinlan, K. C.: »*San Martin Titi*. New England Primate Conservancy«, 2021, online unter: https://neprimateconservancy.org/san-martin-titi/.

2 Die Geburt basiert auf einer Beobachtung in der Natur von Dr. Anneke M. DeLuycker und ihrer Assistentin Rosse Mary Vásquez Ríos, beschrieben in DeLuycker, A. M.: »Observations of a daytime birthing event in wild titi monkeys (*Callicebus oenanthe*): implications of the male parental role«. In: *Primates*, 55, 2014. Eine Geburt repräsentiert nicht notwendigerweise den durchschnittlichen Verlauf und kann in puncto Länge, Zeitpunkt und Verhalten des Männchens variieren.

3 DeLuycker, A. M.: »Observations of a daytime birthing event in wild titi monkeys (*Callicebus oenanthe*): implications of the male parental role« In: *Primates*, 55, 2014.

4 Hrdy, S. B.: *Mothers and Others. The evolutionary origins of mutual understanding*. Cambridge 2011.

Woche 19

1 Frösche und Kröten gehören zur Ordnung der Froschlurche (Anura).

2 Die Inkubationszeit der Eier variiert zwischen 11 und 21 Wochen, vermutlich abhängig von der Temperatur. Siehe: Zippel, K. C.: »Further observations of oviposition in the surinam toad (Pipa pipa), with comments on biology, misconceptions, and husbandry«. In: *Herpetological Review*, 37, 2006.

3 Fernandes T. L., Antoniazzi, M. M., Sasso-Cerri, E., Egami, M. I., Lima, C., Rodrigues, M. T., Jared, C.: »Carrying Progeny on the Back: Reproduction in the Brazi-

lian Aquatic Frog Pipa carvalhoi«. In: *South American Journal of Herpetology*, 6(3), 2011.

4 Zippel, K.C.: »Further observations of oviposition in the surinam toad (Pipa pipa), with comments on biology, misconceptions, and husbandry«. In: *Herpetological Review*, 37, 2006.

5 Zippel, K.C.: »Further observations of oviposition in the surinam toad (Pipa pipa), with comments on biology, misconceptions, and husbandry«. In: *Herpetological Review*, 37, 2006.

Woche 20

1 Burrage, B.: »Comparative ecology and behavior of Chamaeleo pumilus pumilus (Gmelin) and C. namaquensis A. Smith (Sauria: Chamaeleonidae)«. In: *Annals of the South African Museum*, 61, 1973.

Woche 21

1 Buer, H.: *Villsauboka*. Førde 2001.

2 Wikipedia: »Oestrus ovis«, 1.12.22, online unter: https://en.wikipedia.org/wiki/Oestrus_ovis.

3 Bainbridge, D.: *Making babies. The science of pregnancy*. Cambridge 2001.

4 Nesheim, B.-I.: »Morkaken«. In: Store norske leksikon, 2002, online unter: https://sml.snl.no/morkaken.

Woche 22

1 Wang, Z.Y., Ragsdale, C.W.: »Multiple optic gland signaling pathways implicated in octopus maternal behaviors and death«. In: *J. Exp. Biol.*, 221(19), 2018.

2 Young, T.P.: »Semelparity and Iteroparity«. In: *Nature Education Knowledge*, 3(10), 2010.

3 Yong, E.: »Why A Little Mammal Has So Much Sex That It Disintegrates«. In: National Geographic, 2013, online untr: https://www.nationalgeographic.com/science/article/why-alittle-mammal-has-so-much-sex-that-it-disintegrates.

4 Siehe: Kindsvater et al. (2016), zitiert in Wang, Z.Y., & Ragsdale, C.W.: »Multiple optic gland signaling pathways implicated in octopus maternal behaviors and Death«. *J. Exp. Biol.*, 221(19), 2018.

5 Siehe Wodinsky, J. (1977), zitiert in Wang, Z.Y., & Ragsdale, C.W.: »Multiple optic gland signaling pathways implicated in octopus maternal behaviors and death«. In: *J. Exp. Biol.*, 221(19), 2018.

6 Wang, Z. *Molecular Neuroendocrinology of Maternal Behaviors and Death in the California Two-Spot Octopus, Octopus bimaculoides* [Doktorarbeit]. Chicago 2018.

Woche 23

1 Benirsche, K. (2007): »Thomson's Gazelle«. In: Comparative Placentation, 2007, online unter: http://placentation.ucsd.edu/thom.htm.
2 Costelloe, B.R., Rubenstein, D.I.: »Coping with transition: offspring risk and maternal behavioural changes at the end of the hiding phase«. *Animal Behaviour,* 109, 2015.
3 Oje, wie naiv ich da war!

Woche 24

1 Purser, A., Hehemann, L., Boehringer, L., Tippenhauer, S., Wege, M., Bornemann, H., Pineda-Metz, S.E.A., Flintrop, C.M., Koch, F., Hellmer, H.H., Burkhardt-Holm, P., Janout, M., Werner, E., Glemser, B., Balaguer, J., Rogge, A., Holtappels, M., Wenzhoefer, F.: »A vast icefish breeding colony discovered in the Antarctic«. In: Current Biology, 32, 2022.
2 Riginella, E., Pineda-Metz, S.E.A., Gerdes, D., Koschnick, N., Bömer, A., Biebow, H., Papetti, C., Mazzoldi, C., & La Mesa, M.: »Parental care and demography of a spawning population of the channichthyid Neopagetopsis ionah, Nybelin 1947 from the Weddell Sea«. In: *Polar Biology,* 44, 2021.
3 National Geographic: »Ocean«. In: Resource library, 2022, online unter: https://education.nationalgeographic.org/resource/ocean.
4 Kock, K., Kellermann, A.: »Reproduction in Antarctic notothenioid fish«. In: *Antarctic Science,* 3(2), 1991.

Woche 25

1 Horner, J.R., Currie, P.J.: »Embryonic and neonatal morphology and ontogeny of a new species of *Hypacrosaurus* (Ornithischia, Lambeosauridae) from Montana and Alberta«. In: K. Carpenter, K.F. Hirsch, J.R. Horner (Red.): *Dinosaur Eggs and Babies.* Cambridge 1994.
Erickson, G.M., Zelenitsky, D.K., Kay, D.I., & Norell, M.A.: »Dinosaur incubation periods directly determined from growth-line counts in embryonic teeth show reptilian-grade development«. In: PNAS, 114(3), 2017.
2 Tanaka, K., Zelenitsky, D., Therrien, F., Kobayashi, Y.: »Nest substrate reflects incubation style in extant archosaurs with implications for dinosaur nesting habits«. In: *Scientific Reports,* 8:3170, 2018.
3 Erickson, G.M., Zelenitsky, D.K., Kay, D.I., Norell, M.A.: »Dinosaur incubation periods directly determined from growth-line counts in embryonic teeth show reptilian-grade development«. In: *PNAS,* 114(3), 2017.
4 Horner, J.R., Currie, P.J.: »Embryonic and neonatal morphology and ontogeny of a new species of Hypacrosaurus (Ornithischia, Lambeosauridae) from Montana and Alberta«. In: K. Carpenter, K.F. Hirsch, J.R. Horner (Red.): Dinosaur Eggs and Babies. Cambridge 1994.

5 Cooper, L. N., Lee, A. H., Taper, M. L., Horner, J. R.: »Relative growth rates of predator and prey dinosaurs reflect effects of predation«. In: *Proc. Biol. Sci.*, 275(1651), 2008.
6 Dawson, J.: »Egg Mountain, the Two Medicine, and the Caring Mother Dinosaur«. In: National Park Service, 2014, online unter: https://www.nps.gov/articles/mesozoic-egg-mountaindawson-2014.htm
7 Horner, J. R., Makela, R.: »Nest of juveniles provides evidence of family structure among dinosaurs«. In: *Nature*, 282(5736),1979.
8 Black, R.: »How Dinosaurs Raised Their Young«. In: Smithsonian Magazine, 24.07.2020: https://www.smithsonianmag.com/science-nature/dinosaurs-parents-new-eggdiscovery-180975361/.

Woche 26

1 Symeou, A.: »8 Facts You (probably) Didn't Know About Sloths' anatomy«. In: The Sloth Conservation Foundation, 28.11.2022, online unter: https://slothconservation.org/8-facts-about-sloths-skeleton-anatomy/.
Gilmore, D. P., Da-Costa, C. P., Duarte, D. P. F.: »An update on the physiology of two- and three-toed sloths«. In: *Brazilian Journal of Medical and Biological Research*, 33, 200.
Taube, E., Keravec, J., Vié, J.-C., Duplantier, J.-M.: »Reproductive biology and postnatal development in sloths, Bradypus and Choloepus: review with original data from the field (French Guiana) and from captivity«. In: *Mammal Review*, 31, 2001.
2 Einige Arten der Zweifinger-Faultiere gebären sowohl in den Bäumen als auch am Boden, nicht so das Braunkehl-Faultier, das zu den Dreifinger-Faultieren gehört.
3 Sverdrup-Thygeson, A.: *Dovendyret og sommerfuglen*. 2022.
4 Pauli, J. N., Mendoza, J. E., Steffan, S. A., Carey, C. C., Weimer, P. J., & Peery, M. Z.: »A syndrome of mutualism reinforces the lifestyle of a sloth«. In: *Proc. R. Soc. B.*, 218(1778), 2014.

Woche 27

1 Von den Seewölfen im Saltstraumen wird berichtet, dass die Brutzeit etwa sieben Monate beträgt, bis die Jungen schlüpfen (Karlsen, Vebjørn, pers. Mitteilung 27.05.22), während andere Quellen, je nach Lebensraum, von sechs bis zehn Monaten sprechen.

Woche 28

1 Hrdy, S. B.: *Mothers and Others. The evolutionary origins of mutual understanding*. Cambridge 2011.
2 Hrdy, S. B.: »Empathy, Polyandry, and the Myth of the Coy Female«. In: R. Bleier (Red.): *Feminist Approaches to Science*. Oxford 1986.

3 Hrdy, S. B.: *Mothers and Others. The evolutionary origins of mutual understanding.* Cambridge 2011.

Woche 29

1 Caro, S. M., Griffin, A. S., Hinde, C. A., West, S. A.: »Unpredictable environments lead to the evolution of parental neglect in birds«. In: *Nature Communications,* 7:10985, 2016.

2 U. S. Fish and Wildlife Service Pacific Islands: »Dropping Some Wisdom On You!«. In: Facebook, 08.12.2022, online unter: https://www.facebook.com/PacificIslandsFWS.

3 Lahdenperä, M., Mar, K. U., Lummaa, V.: »Nearby grandmother enhances calf survival and reproduction in Asian elephants«. In: *Scientific Reports,* 6:27213, 2016.

4 Stansfield, F. J., Nöthling, J. O., Allen, W. R.: »The progression of small-follicle reserves in the ovaries of wild African elephants (Loxodonta africana) from puberty to reproductive senescence«. In: *Reprod. Fertil Dev.,* 25(8), 2013.

5 Uematsu, K., Kutsukake, M., Fukatsu, T., Shimada, M., Shibao, H.: »Altruistic Colony Defense by Menopausal Female Insects«. In: *Current Biology,* 20, 2010.

6 Vereinte Nationen: *»Barnedødelighet« (Kindersterblichkeit), 2020, online unter:* https://www.fn.no/Statistikk/barnedoedelighet.

7 Blell, M.: »Grandmother Hypothesis, Grandmother Effect, and Residence Patterns«. In: H. Callan, (Red.): *The International Encyclopedia of Antrophology.* New York 2018.

8 Hawkes, K., O'Connell, J. F., Blurton Jones, N. G., Alvarez, H., Charnov, E. L.: »Grandmothering, menopause, and the evolution of human life histories«. In: *PNAS,* 95(3), 1998, S. 1336–1339.
Desweiteren habe ich als Fundament für dieses Kapitel genutzt: Saini, A.: *Inferior: How Science Got Women Wrong – and the New Research That's Rewriting the Story.* Boston 2017 und Cooke, L.: *Bitch: A revolutionary guide to sex, evolution & the female animal.* London 2022.

9 Saini, A.: *Inferior: How Science Got Women Wrong – and the New Research That's Rewriting the Story.* Boston 2017.

10 Croft, D. P., Brent, L. J. N., Franks, D. W., Cant, M. A.: »The evolution of prolonged life after reproduction«. In: *Trends in Ecology and Evolution,* 30(7), 2015.

11 Nach den Regionen, in denen sie leben, teilt man die Orcas in verschiedene Ökotypen ein: Die großen Schwärme entlang der Küste fressen vorwiegend Fisch *(residents)*, die kleineren Gruppen von zwei bis sechs Orcas weiter im offenen Meer ernähren sich von Seehunden und anderen Säugetieren (*transients*). Es gibt auch Ökotypen, die noch weiter im offenen Meer leben und entsprechend schwer zu erforschen sind. Die unterschiedlichen Ökotypen jagen und kommunizieren auf unterschiedliche Weise und kreuzen sich nicht. Was ich in diesem Artikel über Orcas schreibe, bezieht sich auf die wissenschaftlichen Studien der *residents* entlang der Westküste von USA und Kanada.

12 Natrass, S., Croft, D. P., Ellis, S., Cant, M. A., Weiss. M. N.,Wright, B. M., Stredulinsky, E., Doniol-Valcroze, T., Ford, J. B. K., Balcomb, K. C., Franks, D. W.: »Postreproductive killer whale grandmothers improve the survival of their grandoffspring«. In: *PNAS*,116(52), 2019.
13 Croft, D. P., Johnstone, R. A., Ellis, S., Nattrass, S., Franks, D. W., Brent, L. J. N., Mazzi, S., Balcomb, K. C., Ford, J. K. B., Cant, M. A.: »Reproductive Conflict and the Evolution of Menopause in Killer Whales«. In: *Current Biology*, 27, 2017.
14 Johnstone, R. A., Cant, M. A.: »The evolution of menopause in cetaceans and humans: the role of demography«. In: *Proc. R. Soc B*, 277, 2010.

Woche 30

1 Lin, C.-H., Takahashi, S., Mulla, A. J., Nozawa, Y.: »Moonrise timing is key for synchronized spawning in coral Dipsastraea speciosa«. In: *PNAS*, 118(34), 2021.
2 Anderson, M. V., Rutherford, M. D.: »Evidence of a nesting psychology during human pregnancy«. In: *Evolution and Human Behavior*, 34, 2013.
3 Eurostat: »Participation time per day in household and family care, by gender«, 2019, online unter: https://ec.europa.eu/eurostat/statistics-explained/index.php?title=File:Participation_time_per_day_in_household_and_family_care,_by_gender,_(hh_mm;_2008_to_2015).png.
4 Shavisi, A.: »Nesting behaviours during pregnancy: Biological instinct, or another way of gendering housework?« In: *Women's Studies International Forum*, 78:102329, 2020.
5 Siehe: Fuentes, A.: *Race, Monogamy and Other Lies They Told You*. Californa 2022.

Woche 31

1 Tveter, N.: »Den magiske reinsdyrnesen«, 14.12.2016, online unter:https://gemini.no/2016/12/den-magiske-reinsdyrnesen/.
2 Holand, Ø., Punsvik, T. »Villreinen – en suksessfull art«. In: T. Punsvik, T., J. C. Frøstrup (Red.): *Fjellviddas nomade – Villreinen*. 2016.
Strand, O., & Hansen, F. K.: *Midt i flokken*. 2015.
3 Åsbakk, K., Nilssen, A. C. (2014): »Reinens hudbrems og svelgbrems: biologi, betydning og om bekjempelsestiltak«. In: *Norsk veterinærtidsskrift*, 2., 2014.

Woche 32

1 Fischer, B., Grunstra, N. D. S., Zaffarini, E., Mitteroecker, P.: »Sex differences in the pelvis did not evolve de novo in modern humans«. In: *Nature Ecology&Evolution*, 5, 2021.
2 Grunstra, N. D. S., Zachos, F. E., Herdina, A. N., Fischer, B., Pavličev, M., Mitteroecker, P.: »Humans as inverted bats: A comparative approach to the obstetric conundrum«. In: *American Journal of Human Biology*, 31:e23227, 2019.
Mitteroecker, P., Fischer, B.: »Evolution of the human birth canal«. In: American Journal of Obstetrics & Gynecology.

3 Grunstra, N. D. S., Zachos, F. E., Herdina, A. N., Fischer, B., Pavličev, M., Mitteroecker, P.: »Humans as inverted bats: A comparative approach to the obstetric conundrum«. In: *American Journal of Human Biology*, 31:e23227, 2019.
4 Also die Urmütter aller Amnioten, das heißt aller Wesen mit einem Amnion (geschlossene Eihülle).
5 Fischer, B., Grunstra, N. D. S., Zaffarini, E., Mitteroecker, P.: »Sex differences in the pelvis did not evolve de novo in modern humans«. In: *Nature Ecology & Evolution*, 5, 2021.

Woche 33

1 Also die Urmütter der Amnioten.
2 Frontiers in Ecology and Evolution: »Origin and Early Evolution of Amniotes. Research Topic«, 15.09.22, online unter: https://www.frontiersin.org/research-topics/14947/origin-and-early-evolution-of-amniotes.
3 Eltringham, S. K.: *The Hippos*. Cambridge 1999.
4 Mason, K.: »Hippopotamus amphibius«. In: Animal Diversity Web, 2013, online unter: https://animaldiversity.org/accounts/Hippopotamus_amphibius/.
5 Eltringham, S. K.: *The Hippos*. Cambridge 1999.
6 Lewinson, R.: »Infanticide in the hippopotamus: evidence for polygynous ungulates«. In: *Ethology Ecology & Evolution*, 10, 1998.

Woche 34

1 Je nach Quelle schlüpfen die Jungen nach sieben bis neun Monaten. Wie bei anderen Kriechtieren ist die Entwicklungszeit abhängig von der Umgebungstemperatur und anderen Umweltfaktoren.
2 Komodo Survival Progra »Life History«, 05.07.22, online unter: https://komodo dragon.org/life-history/.

Woche 35

1 Ivančić, M., Gomez, F. M., Musser, W. B., Barratclough, A., Meegan, J. M., Waitt, S. M., Llerenas, A. C., Jensen, E. D., Smith, C. R.: »Ultrasonographic findings associated with normal pregnancy and fetal well-being in the bottlenose dolphin (Tursiops truncatus)«. In: *Vet Radiol Ultrasound.*, 61(2), 2020. S. 215–226.
2 Chose, T.: »Hey Flipper! Dolphins Use Names to Reunite«. In: LiveScience, 22.07.2013, online unter: https://www.livescience.com/38343-dolphin-whistles-act-like-names.html.
3 Ames, A. E., Macgregor, R. P., Wielandt, S. J., Cameron, D. M., Kuczaj II, S. A., & Hill, H. M.: »Pre- and Post-Partum Whistle Production of a Bottlenose Dolphin (Tursiops truncatus) Social Group«. In: *International Journal of Comparative Psychology*, 32, 2019.

4 Einige Studien weisen darauf hin, es gibt aber auch Studien, die zu anderen Ergebnissen gekomen sind – es ist also nicht sicher, dass alle Tümmler ihren Jungen ihren eigenen Namen vorsingen.
5 Carvalho, M. E., Justo, J. M. R. de M., Gratier, M., da Silva, H. M. F. R.: »The Impact of Maternal Voice on the Fetus: A Systematic Review«. In: *Current Women's Health Reviews*, 14(3), 2018.

Woche 36

1 Bellem, A. C., Monford, S. L., Goodrowe, K. L.:. »Monitoring reproductive development, menstrual cyclicity, and pregnancy in the lowland gorilla (Gorilla gorilla) by enzyme immunoassay«. In: *Journal of Zoo and Wildlife Medicine*, 26(1), 1995.
2 Stewart, K. J.: »Parturition in Wild Gorillas: Behaviour of Mothers, Neonates, and Others«. In: *Folia primatol.*, 42, 1984.
3 Video der Geburt des Gorillas Calayas im Smithsonian's National Zoo am 15. April 2018, Youtube, online unter: https://www.youtube.com/watch?v=i497TV5Q6TY.
Aus einer Geburt darf nicht zwangsläufig auf andere Gorillageburten geschlossen werden, erst recht nicht bei Geburten in Gefangenschaft. Geburtsstellung und Handhaltung können variieren.
4 Rosenberg, K. R., & Trevathan, W. R.: »The Evolution of Human Birth«. In: *Sci. Am.*, 285(5), 2001.
5 Rosenberg, K. R., & Trevathan, W. R.: »The Evolution of Human Birth«. In: *Sci. Am.*, 285(5), 2001.
6 Rosenberg, K., & Trevathan, W. »Bipedalism and Human Birth: The Obstetrical Dilemma Revisited«. In: *Evolutionary Antrophology*, 4(5), 1995.
7 Rosenberg, K., & Trevathan, W. »Bipedalism and Human Birth: The Obstetrical Dilemma Revisited«. In: *Evolutionary Antrophology*, 4(5), 1995.
8 Mitteroecker, P., Fischer, B.: »Evolution of the human birth canal«. In: *American Journal of Obstetrics & Gynecology*.
9 Garlinghouse, T.: Unraveling the Mystery of Human Bipedality. Sapiens. https://www.sapiens.org/archaeology/human-bipedality/.
Rosenberg, K. R., & Trevathan, W. R. (2001). The Evolution of Human Birth. Sci. Am., 285(5).
10 Mitteroecker, P., Fischer, B.: »Evolution of the human birth canal«. In: *American Journal of Obstetrics & Gynecology*.
11 Rosenberg, K. R., Trevathan, W. R.: »The Evolution of Human Birth«. In: *Sci. Am.*, 285(5), 2001.
12 Rosenberg, K. R., Trewathan, W. R.: »The obstetrical dilemma revisited – revisited«. In: S. Han, S., C. Tomori, C. (Red.): *The Routledge Handbook of Antrophology and Reproduction. London 2021.*
13 Lund, P. J. A.: »Semmelweis – en varsler«. In: *Tidsskrift for Den norske legeforening*, 126(13–14), 2016.

Skålevåg, S. A.: »Ignaz Semmelweis«. In: Store norske leksikon, 2020, online unterhttps://snl.no/Ignaz_Semmelweis.

14 Lie, S. O.: »Merkesteiner i norsk medisin. Føllings sykdom«. In: Tidsskrift for Den norske legeforening, 2000, online unter: https://tidsskriftet.no/2000/10/merkesteiner-i-norsk-medisin/follings-sykdom.

15 Eberhard-Gran, M., Nordhagen, R., Heiberg, E., Bergsjø, P., Eskild, A. (2003). »Barselomsorg i et tverrkulturelt og historisk perspektiv«. In: Tidsskrift for Den norske legeforening, 123(24), 2003.

16 Schjødt, B.: »Norsk Barnesmerteforening stiftet«. In: Tidsskrift for norsk psykologisk forening, 01.01.2006, online unter: https://psykologtidsskriftet.no/nyheter/2006/01/norsk-barnesmerteforening-stiftet.

17 John Bowlby entwickelte seine Bindungstheorie in der Zeit von 1970 bis 1980.

18 Rosenberg, K. R., Trewathan, W. R.: »The obstetrical dilemma revisited – revisited«. In: S. Han, S., C. Tomori, C. (Red.): *The Routledge Handbook of Antrophology and Reproduction. London 2021.*

19 Bohren, M. A., Hofmeyr, G. J., Sakala, C., Fukuzawa, R. K., Cuthbert, A.: »Continuous support for women during childbirth«. In: *Cochrane Database Syst.*, 7::CD003766, 2017. Es ist zu beachten, dass einige Fälle dieser Studie von geringem Aussagewert sind.

20 Kongelstad, M.: »Doula«. In: Store medisinske leksikon, 2019, online unter: https://sml.snl.no/doula – oder: https://de.wikipedia.org/wiki/Doula.

21 Universitätsklinik Oslo: »Flerkulturell doula«, 22.02.2021, online unter: https://oslo-universitetssykehus.no/likeverd-og-mangfold/flerkulturell-doula.

22 Lund, P. J. A.: »Semmelweis – en varsler«. In: Tidsskrift for Den norske legeforening, 126(13–14), 2016.

23 Thomassen, A. I.: »Nok penger. Barselopprøret«, 12.04.2021, online unter: https://barselopproret.no/fordypning/nok-penger.

Woche 37

1 Je nach Quelle variiert die Tragezeit der Kaiserskorpione von sieben Monaten bis zu über einem Jahr. Vermutlich ist sie abhängig von der Umgebungstemperatur, der Verfügbarkeit von Nahrung, der Luftfeuchtigkeit und/oder anderen Umweltfaktoren.

2 Ortega, R. P.: »This is the oldest scorpion known to science«. In: Science, 16.01.2020, online unter: https://www.science.org/content/article/oldest-scorpion-known-science.

3 Skorpione werden eingeteilt in zwei Gruppen: Apoikogene und Katoikogene, abhängig von der Art und Weise, wie sie ihre Föten ernähren. Apoikogene haben eine Form von Eidotter, während bei den katoikogenen die Nachkommen direkt von dem Muttertier über ein mutterkuchenartiges Organ versorgt werden. Siehe u. a.: Volschenk et. al.: »Comparative anatomy of the mesosomal organs of scorpions (Chelicerata, Scorpiones), with implications for the phylogeny of the order«. In: *Zoological Journal of the Linnean Society*, 154, 2008.

Woche 38

1 Nesheim, B.-I.: »Morkaken«. In:i Store medisinske leksikon, 2002, online unter: https://sml.snl.no/morkaken.

2 Mota-Rojas, D., Orihuela, A., Strappini, A., Villanuea-García, D., Napolitano, F., Mora-Medina, P., Barrios-García, H. B., Herrera, Y., Lavalle, E., Martínez-Burnes, J.: »Consumption of Maternal Placenta in Humans and Nonhuman Mammals: Beneficial and Adverse Effects«. In: *Animals*, 2020.

3 Nesheim, B.-I.: »Morkaken«. In: Store medisinske leksikon, 2022, online unter: https://sml.snl.no/morkaken.

4 Mota-Rojas, D., Orihuela, A., Strappini, A., Villanuea-García, D., Napolitano, F., Mora-Medina, P., Barrios-García, H. B., Herrera, Y., Lavalle, E., Martínez-Burnes, J.: »Consumption of Maternal Placenta in Humans and Nonhuman Mammals: Beneficial and Adverse Effects«. In: *Animals*, 2020.
Oksman, O.: »Eating your placenta – is it healthy or just weird?«. In: The Guardian, 10.02.2016, online unter: https://www.theguardian.com/lifeandstyle/2016/feb/10/eating-your-placenta-healthy-motherhood-new-mothers-infants-postpartum-depression-placentophagy-fda.

5 Renfree, M. B.: »Review: Marsupials: Placental Mammals with a Difference«. In: *Placenta*, 24, 2010.

6 Ostrovsky, A. N., Lidgard, S., Gordon, D. P., Schwaha, T., Genikhovich, G., Ereskovsky, A. V.: »Matrotrophy and placentation in invertebrates: a new paradigm«. In: *Biol Rev Camb Philos Soc.*, 91(3), 2016.

7 Renfree, M. B.: »Review: Marsupials: Placental Mammals with a Difference«. In: *Placenta*, 24, 2010.

8 Sadedin, S.: »War in the womb«. In: Aeon, 02.08.2014, online unter: https://aeon.co/essays/why-pregnancy-is-a-biological-war-between-mother-and-baby.

9 Callier, V.: »Baby's Cells Can Manipulate Mom's Body for Decades«. In: Smithsonian Magazine, 02.09.2015, online unter: https://www.smithsonianmag.com/science-nature/babyscells-can-manipulate-moms-body-decades-180956493/.

Woche 39

1 Mayer, G., Franke, F. A., Treffkorn, S., Gross, V., Oliveira, I. de S.: »Onychophora«. In Wanninger, A. (Red.): *Evolutionary Developmental Biology of Invertebrates 3: Ecdysozoa I: Non-Tetraconata*. Berlin 2015.

2 Wright, J.: »Onychophora«. In: Animal Diversity Web, 2014, online unter: https://animaldiversity.org/accounts/Onychophora/.

3 Tait, N. N., Norman, J. M.: »Novel mating behaviour in Florelliceps stutchburyae gen. nov., sp. nov. (Onychophora: Peripatopsidae) from Australia«. In: *J. Zool. Lond.*, 253, 2001.

4 Tait, N. N., Norman, J. M.: »Novel mating behaviour in Florelliceps stutchburyae gen. nov., sp. nov. (Onychophora: Peripatopsidae) from Australia«. In: *J. Zool.Lond.*, 253, 2001.

Woche 40

1 Sandtigerhaie haben eine Tragezeit zwischen neun und zwölf Monaten. Siehe Bansemer, C. S., Bennett, M. B.: »Reproductive peridodicity, localised movements and behavioural segregation of pregnant Carcharias taurus at Wolf Rock, southeast Queensland, Australia«. In: *Marine Ecology Progress*, 374, 2009.

2 Wikipedia: »Sand tiger shark«, 28.11.2022, online unter:https://en.wikipedia.org/wiki/Sand_tiger_shark.

3 Man spricht von Embryophagie oder Adelphophagie, wenn die Embryos sich gegenseitig auffressen – bei den Afrikanischen Sozialen Spinnen, die wir bereits kennengelernt haben, fressen die Jungen ihre Mütter. In so einem Fall spricht man von Matriphagie.

4 Gilmore, R. G., Putz, O. Dodrill, J. W.: »Oophagy, Intrauterine Cannibalism and Reproductive Strategy in Lamnoid Sharks«. In: Hamlett, W. C. (Red.): *Reproductive Biology and Phylogeny of ChondrichtyesHauppauge 2005.*

5 Greven, Helmut, Professor emeritus an der Heinrich-Heine-Universität Düsseldorf: Persönlicher Kommentar am 10.06.22.

6 Smithsonian Institution: »Coelacanth«. In: Ocean, 2018, online unter: https://ocean.si.edu/ocean-life/fish/coelacanth.

7 NOAA Fisheries: »Sperm Whale«. In: Species directory, 2022, online unter: https://www.fisheries.noaa.gov/species/sperm-whale.

8 Havforskningsinstituttet: »Tema: Hummer – europeisk«*, 2021, online unter:* https://www.hi.no/hi/temasider/arter/hummer-europeisk.

9 Montague, M.: »Elephant gestation period longer than any living mammal«. In: BBC Earth, 2021, online unter: https://www.bbcearth.com/news/elephant-gestation-period-longerthan-any-living-mammal.

10 López-Romero F. A., Klimpfinger, C., Tanaka, S. Kriwet, J.: »Growth trajectories of prenatal embryos of the deep-sea shark Chlamydoselachus anguineus (Chondrichthyes)«. In: *J. Fish Biol.*, 97, 2020.

11 Long, J. A., Trinajstic, K., Young, G. C., Senden, T.: »Live birth in the Devonian period«. In: *Nature*, 453, 2008.

12 Voje, K. L.: »Livets evolusjonshistorie«. In: Store norske leksikon, 2022, online unter: https://snl.no/livets_evolusjonshistorie.

13 Blackburn, D. G.: »Squamate reptiles as model organisms for the evolution of viviparity«. In: *Herpetological Monographs*, 20, 2006.

14 Delsett, L. L.: »Fiskeøgler«. In: Store norske leksikon, 2021, online unter: https://snl.no/fiskeøgler.

15 Blackburn, D. G.: »Evolution of Vertebrate Viviparity and Specializations for Fetal Nutrition: A Quantitative and Qualitative Analysis«. In: *Journal of Morphology*, 276, 2015.

Evolutionärer Zeitstrahl

1 »Jetzt« bedeutet in evolutionärer Hinsicht April 2019.
2 Voje, K. L.: »Livets evolusjonshistorie«. In: Store norske leksikon, 2022, online unter:. https://snl.no/livets_evolusjonshistorie. Sind im Zeitstrahl keine anderen Quellenangaben genannt, stammen die Informationen aus dieser Quelle.
3 Emera, D., Romero, R., Wagner, G.: »The evolution of menstruation: A new model for genetic assimilation«. In: *BioEssays*, 34(1), 2012.
4 Frontiers in Ecology and Evolution: »Origin and Early Evolution of Amniotes. Research Topic«, 15.09.2022, online unter: https://www.frontiersin.org/research-topics/14947/origin-and-early-evolution-of-amniotes.
5 Otto, S.: »Sexual Reproduction and the Evolution of Sex«. In: *Nature Education* 1(1), 2008.

Glossar

1 Wiktionary: »Embryophagy«, 10.12.22, online unter: https://en.wiktionary.org/wiki/embryophagy.
2 Fenelon, J. C., Banerjee, A.: »Embryonic diapause: development on hold«. In: *Int. J. Dev. Biol.*, 58, 2014.
3 Trevathan, W. R., Rosenberg, K. R.: »Evolutionary Medicine and Women's Reproductive Health«. In: J. Schulkin, M. L. Power: *Integrating Evolutionary Biology into Medical Education — for maternal and child healthcare students, clinicians, and scientists*. Oxford 2020.
4 Wikipedia: »Hemipenis«, 10.12.2022, online unter: https://en.wikipedia.org/wiki/Hemipenis.
5 Wikipedia: »Hermaphrodite«, 10.12.2022, online unter: https://en.wikipedia.org/wiki/Hermaphrodite.
6 Young, T. P.: »Semelparity and Iteroparity«. In: *Nature Education Knowledge*, 3(10), 2010.
7 Sean P. Modesto, Jason S. Anderson: »The phylogenetic definition of Reptilia«. In: Systematic Biology. Bd. 53, Nr. 5, 2004, S. 815–821.
8 Wikipedia: »Matriphagy«, 10.12.2022. online unter: https://en.wikipedia.org/wiki/Matriphagy.
9 Wikipedia: »Skjellkrypdyr«, 10.12.2022, online unter: https://no.wikipedia.org/wiki/Skjellkrypdyr.
10 Young, T. P.: »Semelparity and Iteroparity«. In: *Nature Education Knowledge*, 3(10), 2010.
11 Wikipedia: »Primordial soup«, 09.12.2022, online unter: https://en.wikipedia.org/wiki/Primordial_soup.

Nachwort

1 Kiserud, T. (2012): »Hvor lenge varer et svangerskap?« In: *Tidsskrift for Den norske legeforening*, 132, 2012.

Anna Blix, geboren 1985, ist Biologin, Autorin und Politikberaterin beim Norwegischen Parlament für die Rodts-Fraktion. Sie hat viele Jahre Erfahrung in der Kommunikationsbranche und schreibt regelmäßig Kolumnen, die sich wissenschaftlichen Themen widmen, zum Beispiel für die Tageszeitung *Morgenbladet*. Sie lebt in Norwegen.